麵包小偷
全世界最可愛
親子手作小物
BOOK

柴田啓子 原著

何姵儀 譯

パンどろぼう せかいいちかわいいてづくりこもの

Contents

Mascots —吉祥物—

Toys —玩具—

Daily items －日常用品－

How to make

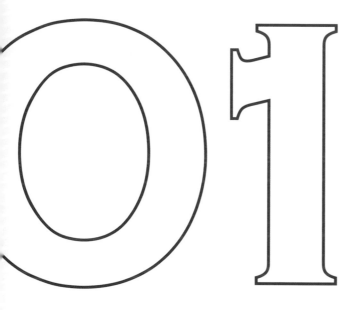

Mascots
吉祥物

收錄《麵包小偷》各種場景裡的吉祥物，
還有冒牌的小餐包和搞破壞的法國棍子麵包，
只要加上珠鍊，
就可以掛在背包上，天天和你一起出門了！

把法國棍子麵包頂在頭上逃跑的模樣，
還有把麵包抱在懷裡的模樣，
實在是太可愛了！

手作家＝松田惠子

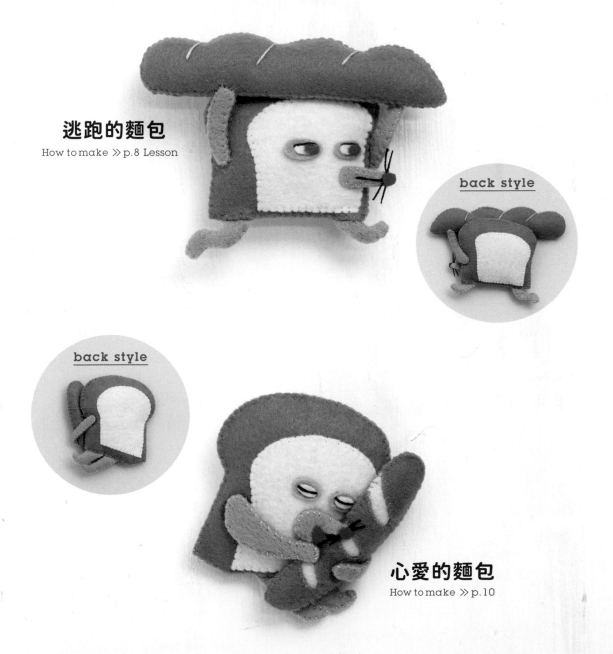

逃跑的麵包
How to make ≫ p.8 Lesson

back style

back style

心愛的麵包
How to make ≫ p.10

試著做出各種場景中表情豐富的麵包小偷吧！
找找看他們出現在繪本的哪些地方。

手作家＝松田惠子

back style

趕快跑！
How to make ≫ p.14

**變身
葡萄乾麵包！**
How to make ≫ p.14

back style

back style

背後也是
滿滿的葡萄乾！

好難吃！
How to make ≫ p.14

Basis 不織布手工藝的基本知識

基本材料和工具

- **不織布**
  手工藝專用的不織布。本書主要使用SUN FELT株式會社的 Minnie 200（20×20cm）和可水洗不織布（Washable Felt，18×18cm），數字代表色號。可水洗不織布是100%的聚酯纖維材質，不易縮水，適合用來製作洗滌衣物上的貼布縫。

- **25號繡線**
  6條繡線為一個單位，先按需要的長度裁剪，再將6條線分開。顏色後面括弧內的數字，代表繡線的色號。製作步驟中，標示（黑色2條）則代表「2條黑色繡線」，如果沒有標明，就配合不織布顏色挑選。

- **繡針**

- **手工藝用棉花**

Ⓐ 工藝白膠：用來黏不織布，或者沾在繡線上使其變硬。
Ⓑ 牙籤：在細小部位沾白膠時可以派上用場，非常方便。
Ⓒ 透明膠帶：用來將描圖紙貼在不織布上。
Ⓓ 複寫紙：用來將圖案複製到不織布。
Ⓔ 描圖紙：半透明的紙，用來描繪圖案。
Ⓕ 玻璃紙：疊放在描圖紙上，防止描圖紙破裂，用OPP袋（市面上常見的透明包裝袋）代替也可以。
Ⓖ 剪刀：使用頭較尖、鋒利好剪的剪刀。
Ⓗ 粉土筆：用來做記號的鉛筆狀粉筆。
Ⓘ 鐵筆：用來在複寫紙上畫出圖案，用沒有水的原子筆代替也可以。
Ⓙ 鑷子：夾取小零件時相當實用的工具。
Ⓚ 免洗筷：用來塞棉花。

製作之前需要知道的事
〈 紙型的複寫方法和不織布的裁剪方法 〉

如果是小零件，用鑷子夾著比較好剪！

描圖紙放在紙型上複寫，用影印機複印也可以。

≫

1）
比描圖紙的輪廓大一圈裁剪下來，並用膠帶將其貼在不織布上。

≫

2）
沿著描圖紙輪廓線裁剪不織布。

≫

將複寫好的描圖紙沿著輪廓裁剪下來後，用粉土筆沿輪廓畫在不織布上也可以。

〈 將刺繡或貼布縫的圖案複寫在不織布 〉

要將圖案複製在不織布時，從底部依序將不織布、複寫紙（墨水面貼在不織布上）、圖案及玻璃紙疊放在一起，用鐵筆在玻璃紙上用力描繪好圖案，再沿輪廓裁剪不織布。

Lesson

一起來做麵包小偷吉祥物 「逃跑的麵包」篇

介紹製作吉祥物的基本步驟。　　　實物大小紙型參考p.10

【準備材料】

不織布╱土黃色（RN-34）1片、象牙白（RN-24）$\frac{1}{2}$片、灰色（771）·
朱紅色（RN-23）·青色（RN-46）·白色（RN-1）各適量　繡線╱與
不織布同色、黑色　其他╱棉花、白膠

【製作要點】用來縫合的繡線顏色與不織布相同，使用1條

【製作步驟】

成品尺寸╱約高8×寬10.3cm

① 裁剪不織布（參考p.7），準備好所有零件。

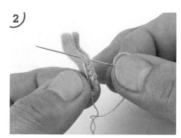

② 手、腳和鼻子各取2片，對齊之後以捲邊縫（參考p.9上方說明）縫合在一起。

③ 手、腳和鼻子完成。

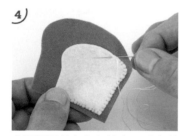

④ 土司切面放在麵包邊上，以立針縫（參考p.9上方說明）縫合。

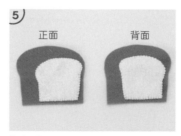

⑤ 仔細查看示範圖片，確認土司切面的形狀及位置後，製作背面。

正面　　背面

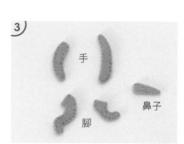

⑥ 前後2片對齊，一邊將腳夾起來，一邊用捲邊縫縫合邊緣，縫到一半時塞進一些棉花。

⑦ 縫好的半成品。

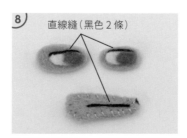

⑧ 做好臉部零件後，眼睛用白膠黏上固定，眼睛上方和嘴巴用繡的。

直線縫（黑色2條）

⑨ 製作鬍子，準備5cm長的2條黑色繡線，剪成兩段，參考圖片位置綁在一起。

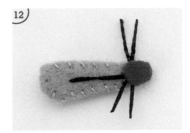

刺繡方法

立針縫	捲邊縫
3出　1出 重複2～3	2片對齊， 繞著布邊縫合

⚠️眼睛之類的小零件容易掉落，要特別留意，千萬不要讓孩子放進嘴裡。若是擔心白膠不安全，也可以把零件縫上去。

10)

約9mm

繡線沾上白膠後，晾乾使其變硬，再裁剪長度。

11)

鼻子塗上白膠，將鬍子和鼻尖黏上去。※趁白膠還沒乾之前，參考步驟**12**，整理鬍子的位置。

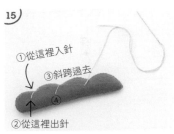

12)

鼻子完成。

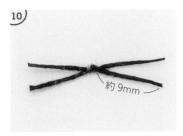

13)

用白膠把眼睛和鼻子黏在土司切面上。

大功告成

14)

用捲針縫將2片法國棍子麵包對齊，邊緣縫合在一起，縫到一半時，塞入一層薄薄的棉花。

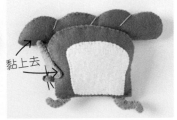

15)

①從這裡入針
③斜跨過去
②從這裡出針
Ⓐ

法國棍子麵包的刀痕用繡的。
取3條灰色繡線，①尾端打上始縫結之後，從麵包上方的凹陷處下針，②從要繡上圖案的地方出針。③繡線直接斜跨過麵包凹陷處，並從背面下針，④從正面要繡上圖案的位置出針之後，再次斜跨過凹陷處。
最後，繡針從背面凹陷處出針，打好收尾結後從邊緣把線剪斷，收尾結藏在最後的繡線下方。

黏上去　黏上去

用藏針縫（參考p.79）將法國棍子麵包縫在麵包小偷上，再用白膠固定雙手，擺出雙手托著法國棍子麵包的模樣。

「心愛的麵包」製作方法

基本作法和「逃跑的麵包」一樣。
請參考p.8-9的方法製作（眼睛、鼻子和p.8-9不同）。

準備材料

不織布／土黃色（RN-34）1片、象牙白（RN-24）$\frac{1}{2}$片、灰色（771）·淺黃色（RN-32）·朱紅色（RN-23）·白色（RN-1）各適量　繡線／與不織布同色、黑色　其他／棉花、白膠

1）製作麵包

①墊布放在正面內側，用立針縫縫合

墊布

②前後2片對齊，一邊塞入一層薄薄的棉花，一邊用捲邊縫將邊緣縫合起來

2）參考p.8-9製作本體之後，按照以下順序組裝

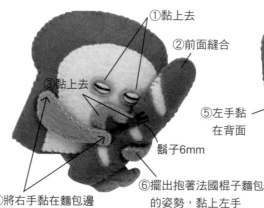

①黏上去

②前面縫合

③黏上去

④將右手黏在麵包邊和法國棍子麵包上

鬍子6mm

⑤左手黏在背面

⑥擺出抱著法國棍子麵包的姿勢，黏上左手

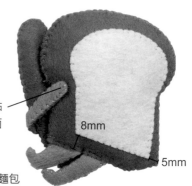

8mm

5mm

成品尺寸／約長8×寬7cm

實物大小紙型　〈 〉內為不織布的顏色和數量，沒有特別指定即1片　（ ）內為繡線的顏色和數量

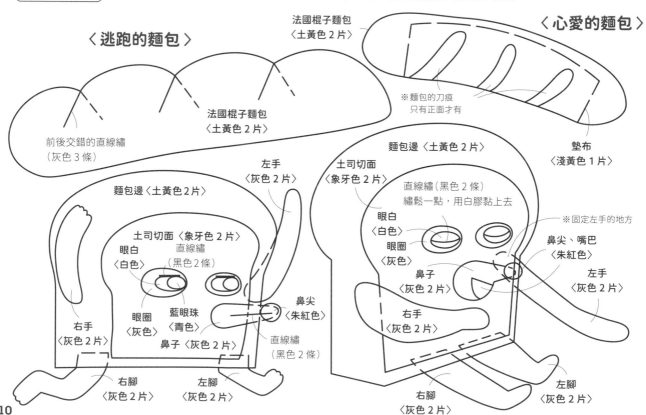

〈逃跑的麵包〉

法國棍子麵包〈土黃色2片〉

前後交錯的直線繡（灰色3條）

法國棍子麵包〈土黃色2片〉

左手〈灰色2片〉

麵包邊〈土黃色2片〉

土司切面〈象牙色2片〉

眼白〈白色〉　直線繡（黑色2條）

眼圈〈灰色〉　藍眼珠〈青色〉

鼻子〈灰色2片〉

鼻尖〈朱紅色〉

直線繡（黑色2條）

右手〈灰色2片〉

右腳〈灰色2片〉

左腳〈灰色2片〉

〈心愛的麵包〉

※麵包的刀痕只有正面才有

墊布〈淺黃色1片〉

麵包邊〈土黃色2片〉

土司切面〈象牙色2片〉

直線繡（黑色2條）繡鬆一點，用白膠黏上去

眼白〈白色〉

眼圈〈灰色〉

鼻子〈灰色2片〉

右手〈灰色2片〉

※固定左手的地方

鼻尖、嘴巴〈朱紅色〉

左手〈灰色2片〉

右腳〈灰色2片〉

左腳〈灰色2片〉

手作家＝肥後惠

搞破壞的法國棍子麵包
How to make ≫ p.15

back style

冒牌的小餐包
How to make ≫ p.15

back style

露出真面目了！
脫下的麵包外衣也可以製作喔！
只要用珠鍊把它們串起來
就能重現繪本的場景了！

手作家＝肥後惠

小老鼠和土司

How to make ≫ p.16

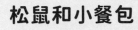

松鼠和小餐包
How to make ≫p.17

貓咪和法國棍子麵包
How to make ≫p.17

吉祥物的製作方法 實物大小紙型 A 面

---**製作要點**---

⌄

- ■ 吉祥物的製作方法請見步驟頁（**p.8-9**）
- ■ 麵包小偷的鬍子參考**p.8-9**，並按指定的繡線條數和長度製作
- ■ 貼布縫用「立針縫」（**p.9**）縫合
- ■ 用來縫合的繡線顏色與不織布相同，數量1條
- ■ 輕輕塞入棉花
- ■ 留意背面的麵包邊和土司切面的方向

成品尺寸

趕快跑！　約長 8.5×寬 7.5cm　變身葡萄乾麵包！　約長 8.5×寬 10.5cm
好難吃！　約長 9×寬 8.5cm　冒牌的小餐包　約長 10×寬 6.5cm
搞破壞的法國棍子麵包　約長 13×寬 6cm

準備材料

p.6 麵包小偷

不織布／共同材料……象牙色（RN-24）・土黃色（RN-34）各 $\frac{1}{2}$ 片、灰色（771）・白色（RN-1）・朱紅色（RN-23）各適量　趕快跑！……青色（546）適量　好難吃！……青色（546）・深灰色（770）各適量　繡線／共同材料……與不織布同色、黑色　變身葡萄乾麵包！……紫色、青色　好難吃！……白色　其他／棉花、白膠

p.11 冒牌的小餐包

不織布／土黃色（RN-34）1片、象牙色（RN-24）・白色（RN-1）・綠色（RN-15）・朱紅色（RN-23）各適量　繡線／與不織布同色、黑色、棕色　其他／棉花、白膠、珠鍊

p.11 搞破壞的法國棍子麵包

不織布／土黃色（RN-34）1片、淺黃色（331）$\frac{1}{2}$片、黑色（790）$\frac{1}{4}$片、粉紅色（103）・白色（RN-1）各適量　繡線／與不織布同色、朱紅色、黃色　其他／棉花、白膠、珠鍊

趕快跑！

③前後 2 片對齊，夾住腳之後，一邊塞入棉花，一邊用捲邊縫縫合邊緣

②土司切面用貼布縫

麵包邊

土司切面

0.8

0.2　〈背面〉

⑥黏上去

④製作臉部零件，將其黏在上面
※ 鬍子的製作方法請見 p.8-9

直線繡（黑色 3 條）

麵包邊

直線繡（黑色 6 條）

1.3

鬍子（黑色 2 條）

背面

土司切面

⑤前後都黏

①製作手、腳
※ 2 片對齊，用捲邊縫縫合在一起

右腳　左腳

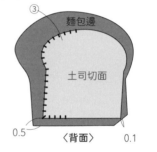

好難吃！

※ 數字單位是 cm

③

麵包邊

土司切面

0.5　〈背面〉　0.1

②製作臉部零件，黏上去之後再繡表情
※皺紋用直線繡，調整出下垂的線條後用白膠黏合

④前後 2 片對齊，夾住腳之後，一邊塞入棉花，一邊用捲邊縫縫合邊緣

③土司切面用貼布縫

直線繡（灰色 2 條）

麵包邊

土司切面

⑤黏上去

⑥黏在背面

※皺紋的土黃色繡線都用直線繡（土黃色 2 條）

直線繡（灰色 6 條）

左腳　右腳

①製作手、腳
※ 2 片對齊，用捲邊縫縫合

鬍子（黑色 1 條）

直線繡（黑色 1 條）

直線繡（白色 1 條）

變身葡萄乾麵包！

先繡上直線繡（紫色 6 條），再用繡針將繡線攤開

麵包邊

土司切面

0.1　〈背面〉　0.5

②在土司切面上繡葡萄乾　麵包邊用貼布縫縫合

③前後 2 片對齊，夾住腳之後一邊塞入棉花，一邊用捲邊縫將邊緣縫合起來

⑤黏上去

④製作臉部零件並黏上去
※ 鬍子的製作方式請見 p.8-9

法國結粒繡繡捲繞 1 次（青色 6 條）

直線繡（黑色 2 條）

土司切面

麵包邊

-0.7

⑥黏在背面

左腳

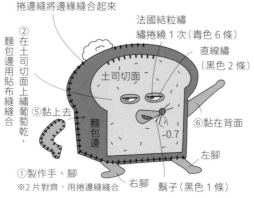

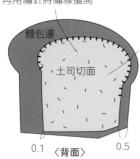

①製作手、腳
※ 2 片對齊，用捲邊縫縫合

鬍子（黑色 1 條）

右腳

冒牌的小餐包

1. 製作背面

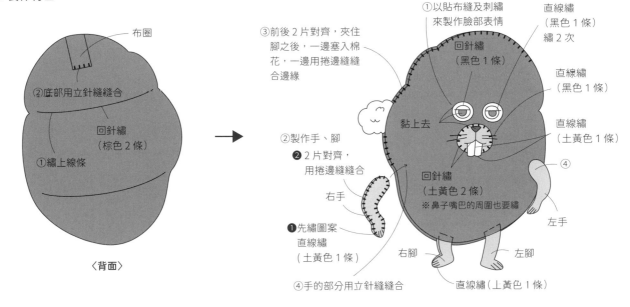

布圈

②底部用立針縫縫合

回針繡
（棕色 2 條）

①繡上線條

〈背面〉

2. 製作正面，完成作品

①以貼布縫及刺繡
來製作臉部表情

③前後 2 片對齊，夾住
　腳之後，一邊塞入棉
　花，一邊用捲邊縫縫
　合邊緣

回針繡
（黑色 1 條）

直線繡
（黑色 1 條）
繡 2 次

直線繡
（黑色 1 條）

直線繡
（土黃色 1 條）

黏上去

②製作手、腳
❷ 2 片對齊，
　用捲邊縫縫合

右手

④

左手

回針繡
（土黃色 2 條）
※ 鼻子嘴巴的周圍也要繡

❶先繡圖案
　直線繡
（土黃色 1 條）

右腳

左腳

④手的部分用立針縫縫合

直線繡（土黃色 1 條）

搞破壞的法國棍子麵包

1. 製作背面

布圈

②底部用
立針縫縫合

①
貼
布
縫

刀痕

〈背面〉

2. 製作正面，完成作品

①以貼布縫及刺繡
來製作臉部表情

③前後 2 片對齊，夾
　住腳之後，一邊塞
　入棉花，一邊用捲
　邊縫縫合邊緣

直線繡
（黑色 1 條）

④手的部分用
立針縫縫合

右手

右腳

左腳

腳掌

腳掌

〈眼睛的刺繡方法〉

回針繡
（黑色 1 條）

回針繡
（黑色 2 條）

緞面繡
（黃色 2 條）

緞面繡
（黑色 2 條）

先繡好眼睛再黏上去

緞面繡（黑色 1 條）

②製作手、腳
❷ 2 片對齊，
　用捲邊縫縫合

左手

手掌

❶放上手掌，
　用立針縫縫合

回針繡
（黑色 1 條）

緞面繡
（朱紅色 2 條）

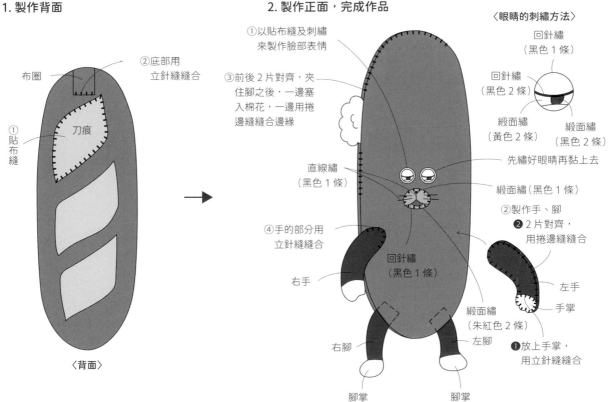

吉祥物

實物大小紙型 A 面

製作要點

- 吉祥物的製作方法請參考步驟頁 **(p.8-9)**
- 貼布縫用「立針縫」 **(p.9)** 縫合
- 用來縫合的繡線顏色與不織布相同，數量1條
- 輕輕塞入棉花

成品尺寸

小老鼠和土司　小老鼠　約長8×寬10cm　土司　約長4×寬4.5cm
松鼠和小餐包　松鼠　約長10×寬9cm　小餐包　約長5×寬3cm
貓咪和法國棍子麵包　貓咪　約長7×寬11cm　法國棍子麵包　約長6×寬1.5cm

準備材料

p.12 小老鼠和土司

不織布／灰色（771）1½片、土黃色（RN-34）½片、深咖啡色（229）・象牙色（RN-24）各¼片、白色（RN-1）・朱紅色（RN-23）各適量　繡線／與不織布同色、青色、炭灰色、黑色　其他／綿花、白膠、珠鍊

p.13 松鼠和小餐包

不織布／芥末色（333）1片、土黃色（RN-34）½片、深咖啡色（229）¼片、紅棕色（225）・白色（RN-1）・淺粉紅色（RN-2）・綠色（RN-15）・朱紅色（RN-23）・象牙色（RN-24）各適量　繡線／與不織布同色、黑色、棕色　其他／棉花、白膠、珠鍊

p.13 貓咪和法國棍子麵包

不織布／黑色（790）1片、土黃色（RN-34）½片、白色（RN-1）¼片、粉紅色（103）・淺黃色（331）・深咖啡色（229）・朱紅色（RN-23）各適量　繡線／與不織布同色、淺灰色、黃色　其他／棉花、白膠、珠鍊

小老鼠和土司

1. 製作小老鼠

※ 數字單位是cm

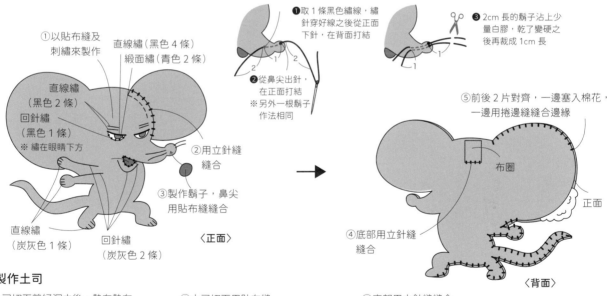

〈鬍子的製作方式〉

❶取1條黑色繡線，繡針穿好線之後從正面下針，在背面打結

❷從鼻尖出針，在正面打結
※另外一根鬍子作法相同

❸2cm長的鬍子沾上少量白膠，乾了變硬之後再裁成1cm長

①以貼布縫及刺繡來製作
直線繡（黑色4條）
緞面繡（青色2條）
直線繡（黑色2條）
回針繡（黑色1條）
※繡在眼睛下方
②用立針縫縫合
③製作鬍子，鼻尖用貼布縫縫合
直線繡（炭灰色1條）
回針繡（炭灰色2條）
〈正面〉

⑤前後2片對齊，一邊塞入棉花，一邊用捲邊縫縫合邊緣
布圈
正面
④底部用立針縫縫合
〈背面〉

2. 製作土司

①土司切面剪好洞之後，墊布墊在內側，用立針縫縫合
墊布
剪洞

③土司切面用貼布縫
墊布
④貼布縫

②麵包邊剪好洞之後，墊布墊在內側，用立針縫縫合

⑤底部用立針縫縫合
布圈
背面
〈背面〉
正面
⑥前後2片對齊，一邊塞入棉花，一邊用捲邊縫縫合邊緣

※太小不易處理時，可以用白膠黏墊布，或用緞面繡縫合孔洞也可以

松鼠和小餐包

1. 製作松鼠

①以貼布縫及刺繡
　來製作臉及尾巴
　回針繡（棕色 2 條）
　※ 繡在眼睛周圍

回針繡（黑色 2 條）

回針繡
（黑色 1 條）

直線繡
（棕色 1 條）

⑤底部用立針縫
　縫合

布圈　　正面

直線繡
（黑色 1 條）

②手掌先
　繡上圖案，再
　用立針縫縫合
　在手臂上

直線繡
（棕色 1 條）

③腳掌先繡上圖案，再用立
　針縫縫合在身體上

回針繡
（棕色 2 條）

回針繡
（棕色 2 條）
※ 鼻子嘴巴周圍
　也要繡

④身體及右手放在尾巴上，重疊的部分用立針縫縫合

⑥前後 2 片對齊，
　一邊塞入棉花，
　一邊用捲邊縫將
　邊緣縫合起來

〈正面〉

2. 製作小餐包

④前後 2 片對齊，一邊
　塞入棉花，一邊用捲
　邊縫縫合邊緣

〈背面〉

③背面的布圈
　用立針縫縫合

墊布

正面

背面

①前面剪好洞之後，
　墊布墊在內側，
　用立針縫縫合

②貼布縫

貓咪和法國棍子麵包

1. 製作貓咪

直線繡
（粉紅色 2 條）

①以貼布縫及刺繡
　來製作臉、手掌
　及腳掌

③底部用
　立針縫縫合

布圈

緞面繡
（黃色 2 條）

緞面繡
（黑色 2 條）

回針繡（黑色 1 條）
※ 眼睛周圍也要繡

直線繡（黑色 1 條）

②將手掌、腳掌與臉放在
　身體上，重疊的部分用
　立針縫縫合

回針繡
（白色 2 條）

直線繡
（淺灰色 2 條）

〈正面〉

〈背面〉

圓形小孔可以用錐子開孔

太小不易處
理時，可以用白膠黏上去，或用
緞面繡縫合孔洞也可以

2. 製作法國棍子麵包

③背面的布圈底部
　用立針縫縫合

②貼布縫

①正面開洞，墊
　布墊在內側，
　用立針縫縫合

正面

墊布

背面

④前後 2 片對齊，
　一邊塞入棉花，
　一邊用捲邊縫縫
　合邊緣

④前後 2 片對齊，一邊塞入棉花，
　一邊用捲邊縫縫合邊緣

17

Toys
玩具

點心布偶、可愛布球、麵包店遊戲……，
讓我們用不織布
做出可愛的麵包小偷玩具吧！

手作家＝松田惠子

穿上土司外衣的麵包小偷布偶登場！
既然是不織布，那就不用擔心布邊，
把零件縫合起來就可以了！

脫下土司外衣的
麵包小偷

How to make ≫ p.20

正面

側面

背面

脫下土司外衣的麵包小偷

實物大小紙型 A 面

製作要點

- 用來縫合的繡線顏色與不織布相同，數量1條
- 「立針縫」與「捲邊縫」的手縫針法參考p.9
- 棉花盡量塞飽滿

成品尺寸

土司　約寬 15×高 15×深 7cm

小老鼠　約寬 21×高 16×深 11cm

準備材料

不織布／土黃色（RN-34）‧咖啡色（RN-36）各 $3\frac{1}{2}$ 片、灰色（771）3 片、象牙色（RN-24）2 片、朱紅色（RN-23）$\frac{1}{4}$ 片、青色（546）‧白色（RN-1）‧黑色（RN-31）各適量　繡線／與不織布同色、深灰色、黑色　其他／棉花、白膠

土司的作法

1. 製作前後兩面

※ 數字單位是 cm

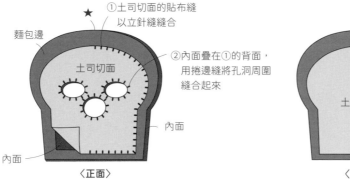

① 土司切面的貼布縫以立針縫縫合

② 內面疊在①的背面，用捲邊縫將孔洞周圍縫合起來

麵包邊

土司切面

內面

內面

〈正面〉

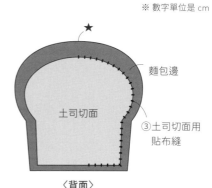

麵包邊

土司切面

③ 土司切面用貼布縫

〈背面〉

2. 製作底襯並縫合

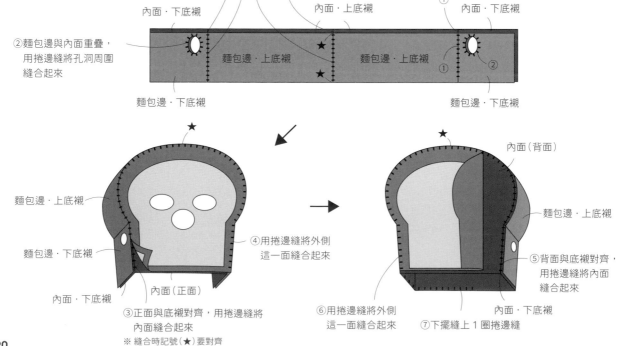

① 麵包邊‧內面分別用捲邊縫與上下底襯縫合起來

內面‧下底襯　　內面‧上底襯　　①　內面‧下底襯

② 麵包邊與內面重疊，用捲邊縫將孔洞周圍縫合起來

麵包邊‧上底襯　　麵包邊‧上底襯　　①　②

麵包邊‧下底襯　　麵包邊‧下底襯

麵包邊‧上底襯

麵包邊‧下底襯

內面‧下底襯

內面（正面）

內面（背面）

麵包邊‧上底襯

④ 用捲邊縫將外側這一面縫合起來

③ 正面與底襯對齊，用捲邊縫將內面縫合起來

※ 縫合時記號（★）要對齊

⑤ 背面與底襯對齊，用捲邊縫將內面縫合起來

⑥ 用捲邊縫將外側這一面縫合起來

內面‧下底襯

⑦ 下擺縫上 1 圈捲邊縫

小老鼠的作法

1. 製作每個配件

〈鼻子〉
2 片對齊
上面用捲邊縫

〈腳〉
對折之後除了縫合處，其他地方都用捲邊縫縫合，並塞入棉花
※ 製作 2 個

〈鼻尖〉
0.3
先縫一圈平針縫
1.5
一邊塞棉花一邊拉線，打結收尾

〈尾巴〉
2 片對齊之後除了縫合處，其他地方都用捲邊縫縫合，並塞入棉花

2. 製作頭部

〈後腦勺〉
將中間縫合在一起
2 片對齊，用捲邊縫

〈頭部正面〉
打褶的地方用藏針縫（參考 p.79）縫合
打褶
拉線
突出頭部邊緣的皺摺剪下來

① 鼻子用立針縫縫合在頭部正面
② 頭部正面和後腦勺用捲邊縫縫合
頭部正面
後腦勺
鼻子
③ 一邊將棉花塞在鼻子裡，一邊用捲邊縫將鼻子下方和頭部正面的正中央縫合
④ 頭部塞滿棉花

3. 製作身體

① 身體前後的打褶處和頭部一樣縫合
尾巴
夾住
打褶
0.5
後背
② 後背 2 片對齊之後夾住尾巴，用捲邊縫縫合

③ 身體前後對齊，夾住腳之後用捲邊縫縫合
前身
打褶
0.5
腳
夾在打褶處旁邊
縫線對準中央，摺起後

前身
打褶
0.5
腳

④ 製作眉毛和眼睛
❶ 眼睛配件黏合在一起
❷ 將❶放在頭上（但先不要黏），決定眉毛的位置之後做上記號
❸ 用直線繡繡出眉毛。在這種情況下，打上始縫結的針要從眼睛的位置下針，繡出眉毛之後再從眼睛的位置出針，打結收尾
❹ 將眼睛貼在❸上面

④ 手臂內面用捲邊縫縫合在身體上
前身
後背
手臂內面

⑥ 手臂與身體分別塞滿棉花
身體
手臂外側

⑤ 手臂外側對齊之後，除了靠近頭部的縫合處，其他地方用捲邊縫縫合

4. 完成

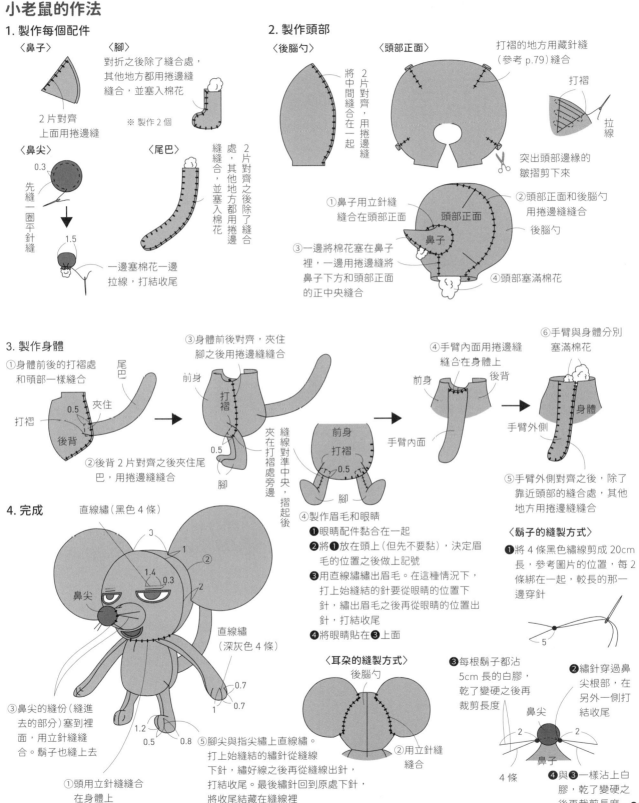

直線繡（黑色 4 條）
3
1
②
1.4 0.3
鼻尖
2
直線繡（深灰色 4 條）
0.7
1
0.7
1.2
0.5 0.8

③ 鼻尖的縫份（縫進去的部分）塞到裡面，用立針縫縫合。鬍子也縫上去

① 頭用立針縫縫合在身體上

⑤ 腳尖與指尖繡上直線繡。打上始縫結的繡針從縫線下針，繡好線之後再從縫線出針，打結收尾。最後繡針回到原處下針，將收尾結藏在縫線裡

〈耳朵的縫製方式〉
後腦勺
② 用立針縫縫合

〈鬍子的縫製方式〉
❶ 將 4 條黑色繡線剪成 20cm 長，參考圖片的位置，每 2 條綁在一起，較長的那一邊穿針
5

❸ 每根鬍子都沾 5cm 長的白膠，乾了變硬之後再裁剪長度

❷ 繡針穿過鼻尖根部，在另外一側打結收尾
鼻尖
2   2
鼻子
4 條

❹ 與❸一樣沾上白膠，乾了變硬之後再裁剪長度

森林麵包店遊戲

森林麵包店的「全世界最好吃的麵包」大集合！
找找看，它們出現在繪本的哪一頁呢？
只要再做出夾子與盤子，就可以當麵包店老闆玩家家酒遊戲喔！

手作家＝鎌倉惠

帽子麵包
How to make ≫ p.50

眼鏡麵包
How to make ≫ p.50

竹輪麵包
How to make ≫ p.52

側面的樣子

23

玉米麵包

How to make ≫ p.51

披薩

How to make ≫ p.52

卡士達麵包

How to make ≫ p.51

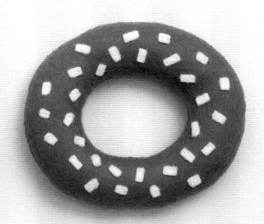

甜甜圈

How to make ≫ p.51

可頌麵包

How to make >> p.57

臘腸麵包

How to make >> p.52

烏龜麵包

How to make >> p.55

猴子麵包
How to make ≫ p.54

貓熊麵包
How to make ≫ p.54

兔子麵包
How to make ≫ p.55

無尾熊麵包
How to make ≫ p.54

白熊麵包
How to make ≫ p.54

小老鼠麵包
How to make ≫ p.56

外型非常飽滿喔！

葡萄乾麵包
How to make ≫ p.57

托盤、夾子
How to make ≫ p.58

土司
How to make ≫ p.57

菠蘿麵包
How to make ≫ p.55

巧克力螺旋麵包
How to make ≫ p.50

法國棍子麵包
How to make ≫ p.56

可樂餅麵包
How to make ≫ p.56

炒麵麵包
How to make ≫ p.53

大亨堡
How to make ≫ p.53

29

認知數字的
麵包家族布球

用貼布縫縫上人物和數字，
再把五角形的零件縫合起來，
就能做出一顆蓬鬆柔軟的可愛布球了！

How to make ≫ p.60

手作家＝肥後惠

叔叔的鈕扣有幾顆？

兔子麵包有幾個？

貓熊麵包有幾個？

法國棍子麵包有幾個？

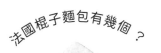

冒牌的小餐包
有幾根鬍子？

搞破壞的法國棍子麵包
有幾個眼睛？

手指劇場

手套正面是一個放有一張麵包沙發的房間。
只要縫上魔鬼氈,在玩「麵包小偷之全世界最好吃的麵包」時
就可以自由貼合拆卸了。

How to make >> p.62　手作家＝松田惠子

背面

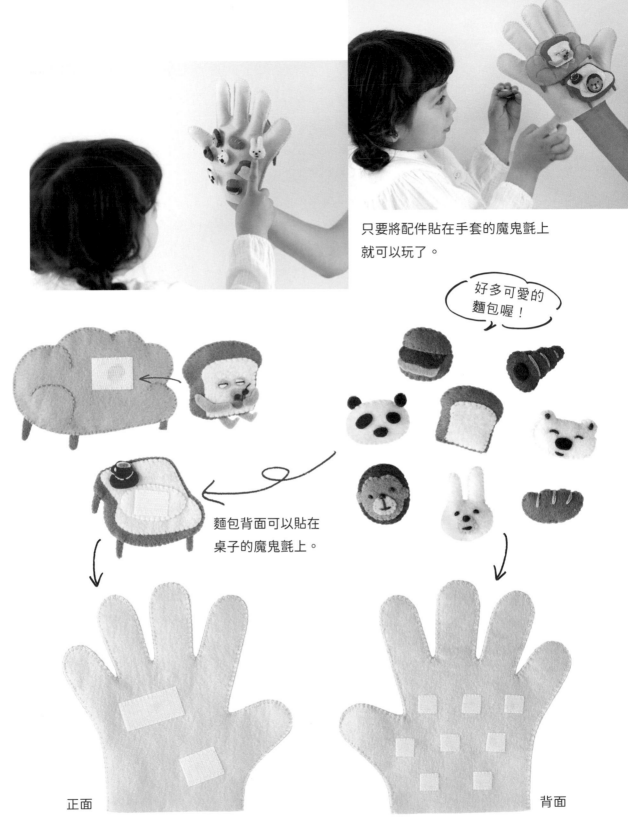

只要將配件貼在手套的魔鬼氈上
就可以玩了。

好多可愛的
麵包喔！

麵包背面可以貼在
桌子的魔鬼氈上。

正面

背面

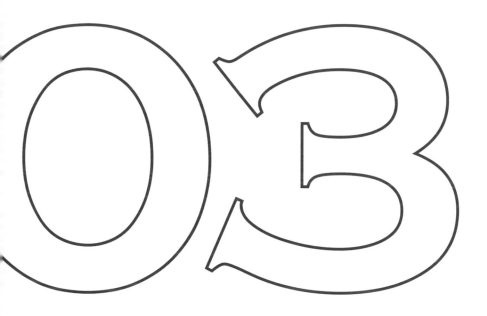

Daily items
生活用品

讓麵包小偷為日常生活增添幾分樂趣，

上課、外出或學習如何看時鐘的時候，會很開心喔！

土司時鐘

土司造型的時鐘，只要裝上電池就可以使用了！
數字12、3、6、9的圖案，是用貼布縫做成的麵包小偷及出現在繪本中的其他物品。

How to make ≫ p.59　　手作家＝大角羊子

麵包小偷斜背包

適合外出使用的麵包小偷造型斜背包。

How to make ≫ p.64　　手作家＝大角羊子

back style

美好時光桌墊收納袋

繡上麵包小偷的場景，做出便當袋、
杯袋及午餐墊三件套組，
讓午餐時間充滿樂趣！

How to make ≫ p.68　　手作家＝FABBRICA

三角頭巾後面有鬆緊帶，
方便套戴，圍裙也可以用套的，
肩帶可以調節兩種長度。

40

方便穿脫的
麵包圍裙&三角頭巾

將麵包小偷做成貼布縫，當作裝飾亮點。
圍裙和三角頭巾採用容易穿脫的設計。

尺寸：100～110cm

How to make ≫ p.66
手作家＝肥後惠
白駒沙也加（圍裙、三角頭巾）

學習袋・好難吃！

將「好難吃！」這個場景做成貼布縫縫合在手提袋上，
背景的上下兩個顏色簡直和繪本一模一樣！

How to make >> p.71　　手作家＝大角羊子

學習袋・蹭蹭臉

將抱著土司「蹭蹭臉」的場景與各種麵包做成貼布縫裝飾。

How to make ≫ p.73 —— 手作家＝大角羊子

44

繪本袋

將麵包小偷、冒牌的小餐包、搞破壞的法國棍子麵包以及麵包小偷的字樣做成貼布縫裝飾，只要把袋子做成長方形，就可以把麵包小偷和其他繪本一起帶出門了！

How to make ≫ p.74　　手作家＝大角羊子

麵包小偷束口後背包

將蓬鬆柔軟的法國棍子麵包縫在背包的翻蓋上，再在背包縫上麵包小偷，
就是獨一無二的束口後背包，背著包包的背影實在是太可愛了！

How to make ≫ p.76 　手作家＝鎌倉惠

刺繡圖樣

各種麵包小偷造型的刺繡圖樣。
只要繡在市售的T恤或袋子上,就能做出可愛的麵包小偷周邊物品了,

How to make ≫ p.78　　手作家＝ ARIMA

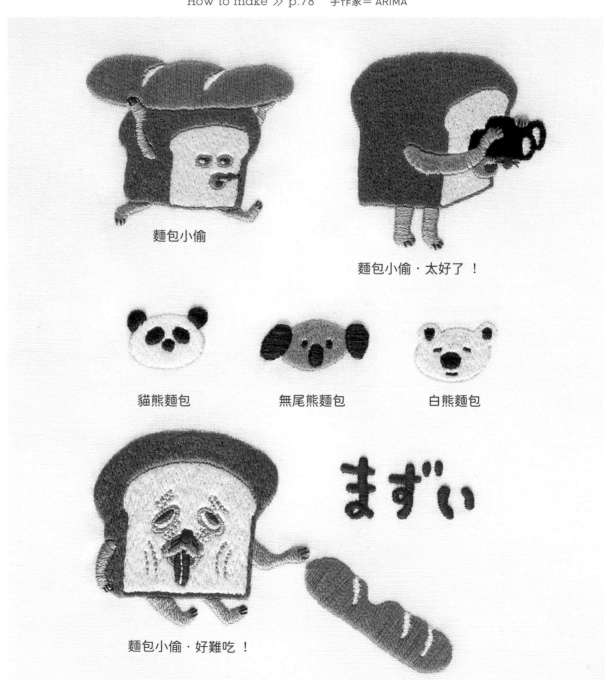

麵包小偷

麵包小偷・太好了！

貓熊麵包

無尾熊麵包

白熊麵包

麵包小偷・好難吃！

How to make
製作方法

開始製作之前

關於實物大小紙型

■ 書末附實物大小紙型，仔細的撕下紙型或沿著虛
　線將紙型剪下，將要用的紙型複寫在描圖紙或者
　直接影印，就可以派上用場了。

關於材料

■ 除特別指定外，使用的不織布以20×20cm（部
　分可水洗不織布是18×18cm）的尺寸為基準，
　所需的數量列在顏色後面。至於大型作品，有時
　會使用40×40cm或50×55cm的尺寸。

關於製作步驟

■ 除特別指定外，數字單位皆為cm。

■ 刺縫方法請參考p.79。

■ 「立針縫」與「捲邊縫」的手縫針法請參考p.9。

■ 眼睛等細小零件有時會用白膠黏貼，請留意不要
　讓孩子放進嘴裡。

■ 若是覺得吉祥物之類的東西太小不好製作，建議
　將紙型影印放大成容易製作的尺寸，這樣創作的
　時候會更得心應手。

帽子麵包
眼鏡麵包
巧克力螺旋麵包

實物大小紙型 B 面

成品尺寸

帽子麵包
約長 8×寬 10.5×高 5cm
眼鏡麵包
約長 5×寬 10.5×厚 1cm
巧克力螺旋麵包
約長 10×寬 7×深 6cm

準備材料

〔帽子麵包〕
不織布／淺棕色（219）・紅棕色（225）
各 1 片、米白色（701）適量
〔眼鏡麵包〕
不織布／深棕色（227）1 片
〔巧克力螺旋麵包〕
不織布／紅棕色（225）$1\frac{1}{4}$ 片、
　　　深紅棕色（237）適量
〔3 種麵包都要用到的材料〕
繡線／與不織布同色　其他／棉花

製作要點
• 縫合的繡線取 1 條，顏色與不織布相同
• 貼布縫用「立針縫」（參考 p.9）縫合
• 除另有指定外，棉花都要塞滿

帽子麵包

① 本體周圍縫上一圈平針縫

0.3

6
4
本體
約 2.5

② 將①的繡線拉緊，塞滿棉花之後塑整形狀，打結收尾

返口

底部

底部

④ 翻到正面，塞入一層薄薄的棉花之後，以藏針縫將返口縫合起來（參考 p.79）

0.5

③ 製作底部。2 片對齊，除返口（編註：最後用來翻面的縫口）外，其他地方用全回針縫（參考 p.79）縫合，並在縫份周圍剪牙口（編註：在呈圓弧狀的縫份處剪開的小口，可讓弧度更加順暢，寬度通常為縫份寬度的 ½）

⑤ 製作蝴蝶結。2 片對齊，周圍與內側用捲邊縫縫合

⑦ 縫上蝴蝶結

本體

底部

⑥ 將本體縫在底部上

眼鏡麵包

① 2 片本體對齊，內側用捲邊縫縫合

② 一邊塞入棉花，一邊用捲邊縫將周圍縫合起來

本體

巧克力螺旋麵包

① 在本體 A 至 D 的周圍縫上一圈平針縫

0.5

本體
A ～ D

② 將①的繡線拉緊，塞滿棉花之後依照圖片標示的尺寸塑整成橢圓形，打結收尾

從上面看的樣子

| A 6 | B 4 |
| C 3 | D 2 |

| A 6.5 | B 5 |
| C 3.5 | D 2.5 |

高度
| A 4 | B 3 |
| C 2.5 | D 2 |

③ 巧克力做成貼布縫縫在底層時，中間要塞入一層薄薄的棉花

本體

D
C
B
A
底層

④ 將底層縫合在本體 A 上

⑤ 查看整體是否均衡，縫上各個部分的零件

≫ p.24

玉米麵包
卡士達麵包
甜甜圈

實物大小紙型 B 面

[成品尺寸]

玉米麵包
約長 8×寬 9.5×厚 1.5cm
卡士達麵包
約長 5.5×寬 10×厚 3cm
甜甜圈
約長 7.5×寬 9×厚 2cm

[準備材料]

〔玉米麵包〕
不織布／淺棕色(219)1 片、
　　　　淺黃色(331)・深黃色(383)各 $\frac{1}{4}$ 片

〔卡士達麵包〕
不織布／淺棕色(219)1 片、
　　　　黃色(332)適量

〔甜甜圈〕
不織布／淺棕色(219)1 片、
　　　　米白色(701)適量

〔3 種麵包都要用到的材料〕
繡線／與不織布同色　其他／棉花

[製作要點]

• 縫合的繡線取 1 條，顏色與不織布相同
• 除另有指定外，棉花都要塞滿

玉米麵包

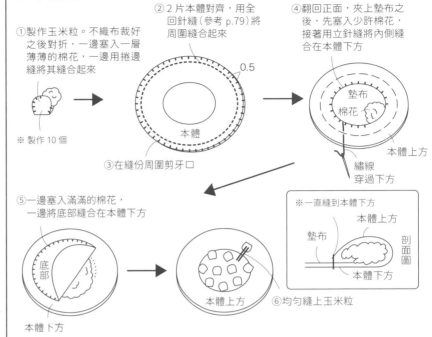

①製作玉米粒。不織布裁好之後對折，一邊塞入一層薄薄的棉花，一邊用捲邊縫將其縫合起來

※ 製作 10 個

②2 片本體對齊，用全回針縫(參考 p.79)將周圍縫合起來

③在縫份周圍剪牙口

0.5

本體

④翻回正面，夾上墊布之後，先塞入少許棉花，接著用立針縫將內側縫合在本體下方

墊布
棉花
本體上方
繡線穿過下方

※一直縫到本體下方

本體上方
墊布
剖面圖
本體下方

⑤一邊塞入滿滿的棉花，一邊將底部縫合在本體下方

底部
本體下方

本體上方

⑥均勻縫上玉米粒

卡士達麵包

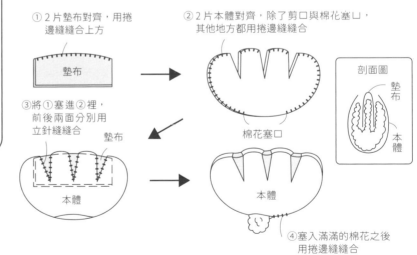

①2 片墊布對齊，用捲邊縫縫合上方

墊布

②2 片本體對齊，除了剪口與棉化基口，其他地方都用捲邊縫縫合

棉花塞口

剖面圖
墊布
本體

③將①塞進②裡，前後兩面分別用立針縫縫合

墊布
本體

本體

④塞入滿滿的棉花之後用捲邊縫縫合

甜甜圈

①製作裝飾零件

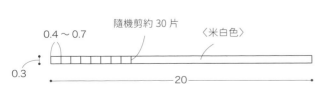

0.4～0.7
0.3
隨機剪約 30 片
〈米白色〉
20

②從裝飾零件中間下針，均勻地縫在其中 1 片本體上

本體

③2 片本體對齊，內側用捲邊縫縫合

④一邊塞入棉花，一邊用捲邊縫將周圍縫合起來

≫ p.23. 24. 25

竹輪麵包
臘腸麵包
披薩

實物大小紙型 B 面

- -

〔成品尺寸〕

竹輪麵包
約長 11×寬 5.5×厚 5.5cm
臘腸麵包
約長 12×寬 5×厚 5cm
披薩麵包
約長 10.5×寬 7×厚 2.5cm

〔準備材料〕

〔竹輪麵包、臘腸麵包都要用到的材料〕
不織布／淺棕色（219）・淺黃色（331）各 1 片
〔只有竹輪麵包〕
不織布／灰褐色（213）・米白色（701）各 $\frac{1}{2}$ 片、
灰棕色（235）$\frac{1}{4}$ 片
〔只有臘腸麵包〕
不織布／朱紅色（114）1 片
〔披薩〕
不織布／淺棕色（219）1 片、朱紅色（114）$\frac{1}{2}$ 片、
淺黃色（331）$\frac{1}{4}$ 片、黃綠色（450）適量
〔3 種麵包都要用到的材料〕
繡線／與不織布同色　其他／棉花

〔製作要點〕

- 縫合的繡線取 1 條，顏色與不織布相同
- 貼布縫用「立針縫」（參考 p.9）縫合
- 除另有指定外，棉花都要塞滿
- 「竹輪麵包」和「臘腸麵包」麵包部分的
  作法相同

竹輪麵包

1. 製作麵包

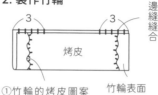

①內外兩面對齊，用全回針縫
（參考 p.79）縫合
表面
內面
0.5

④塞滿棉花
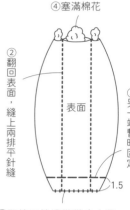
②翻回表面，縫上兩排平針縫
表面
③另一端暫時固定
1.5

⑤兩端用捲邊縫縫合之後，
拆下③的繡線

2. 製作竹輪

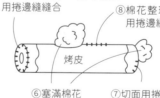

①竹輪的烤皮圖案
用貼布縫來做
烤皮
3　3
②長邊對齊之後，左右兩端先用捲邊縫縫合
竹輪表面

③竹輪內面的長邊對齊之後，用捲邊縫縫合
竹輪切面　竹輪內面　切面
④內周縫合起來

⑤將竹輪內面放入有烤皮的
表面裡，其中一邊的切面
用捲邊縫縫合
烤皮
⑥塞滿棉花
⑦切面用捲邊縫縫合
⑧棉花整理好之後，
用捲邊縫縫合

3. 完成

①麵包邊緣重疊之後
縫合在一起
麵包
1
②竹輪串進麵包裡

臘腸麵包

①麵包作法和上述「竹輪麵包」的 1
一樣，番茄醬用貼布縫來做

②臘腸作法和 p.53
「大亨堡」的 2.②～④一樣

③最後和「竹輪麵包」的 3
一樣完成作品即可

披薩

番茄醬
起司

①取 1 片本體，以貼
布縫的方式依序將
番茄醬→起司→配
料縫合上去

②2 片本體的正面相對合攏，
除了返口，其他地方用全
回針縫（參考 p.79）
縫合起來
0.5
返口

③縫份有弧度的
地方剪牙口

④翻回表面，塞入一層薄薄的棉
花之後，將返口縫合起來，以藏針縫（參考
p.79）

≫ p.29

大亨堡
炒麵麵包

實物大小紙型 B 面

成品尺寸

約長 12×寬 7×厚 5cm（麵包的大小）

準備材料

〔大亨堡〕
不織布／淺棕色（219）·米白色（701）
各 1 片、朱紅色（114）$\frac{1}{2}$ 片

〔炒麵麵包〕
不織布／淺棕色（219）·米白色（701）
各 1 片、紅棕色（225）$\frac{1}{2}$ 片、朱紅色（114）
適量

〔2 種麵包都要用到的材料〕
繡線／與不織布同色　其他／0.5mm
的厚紙板 15×15cm、棉花

製作要點

• 縫合的繡線取 1 條，顏色與不織布相同
• 除另有指定外，否則棉花都要塞滿
• 「大亨堡」和「炒麵麵包」麵包部分的
　作法相同

大亨堡

1. 製作麵包

①周圍縫上一圈平針縫

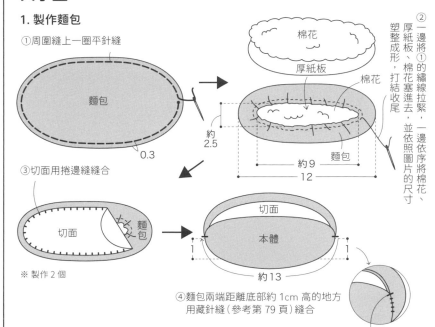

③切面用捲邊縫縫合

※ 製作 2 個

②一邊將①的繡線拉緊，一邊依序將棉花、厚紙板、棉花塞進去，塑整成形，打結收尾，並依照圖片的尺寸

④麵包兩端距離底部約 1cm 高的地方
用藏針縫（參考第 79 頁）縫合

開始及最後
要重複縫合 2～3 次

2. 製作熱狗

①墊布墊在內側，用立針縫縫合

②長邊正面相對合攏，除了返口，其他地方縫合起來

③兩端縫上一圈平針縫，繡線拉緊之後，打結收尾

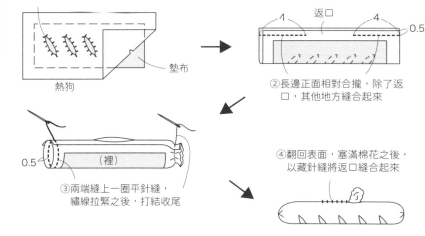

④翻回表面，塞滿棉花之後，以藏針縫將返口縫合起來

3. 完成

熱狗夾在麵包裡

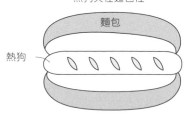

麵包

熱狗

炒麵麵包

①製作與「大亨堡」相同
　的麵包

②炒麵和紅薑絲剪好之
　後夾在麵包裡

炒麵（紅棕色 0.4×20cm）20 條

麵包

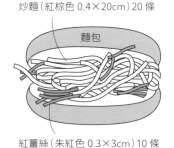

紅薑絲（朱紅色 0.3×3cm）10 條

≫ p.26.27

貓熊麵包
無尾熊麵包
白熊麵包
猴子麵包

實物大小紙型 B 面

〔成品尺寸〕

貓熊麵包、無尾熊麵包、白熊麵包（耳朵不算）
約長 7×寬 9×厚 4.5cm
猴子麵包
約直徑 8.5×厚 4.5cm

〔準備材料〕

〔貓熊麵包、白熊麵包都要用到的材料〕
不織布／米白色（701）$1\frac{1}{2}$ 片、
　　　　深咖啡色（229）適量
〔無尾熊麵包〕
不織布／淺棕色（219）$1\frac{1}{2}$ 片、
　　　　深咖啡色（229）$\frac{1}{2}$ 片
〔猴子麵包〕
不織布／紅棕色（225）$1\frac{1}{2}$ 片、米色（221）1 片、
米白色（701）$\frac{1}{4}$ 片、深咖啡色（229）適量
〔4 種麵包都要用到的材料〕
繡線／與不織布同色　其他／棉花

〔製作要點〕

• 縫合的繡線取 1 條，顏色與不織布相同
• 貼布縫用「立針縫」（參考 p.9）縫合
• 本體的棉花要塞滿

貓熊麵包

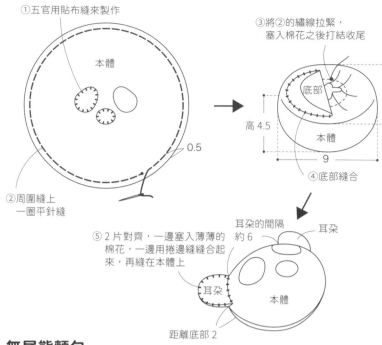

①五官用貼布縫來製作

本體

②周圍縫上
一圈平針縫

0.5

③將②的繡線拉緊，
塞入棉花之後打結收尾

底部

高 4.5

本體

9

④底部縫合

⑤2 片對齊，一邊塞入薄薄的
棉花，一邊用捲邊縫縫合起
來，再縫在本體上

耳朵的間隔
約 6

耳朵

耳朵

本體

距離底部 2

無尾熊麵包

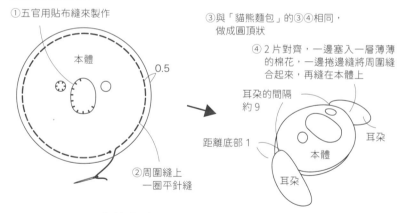

①五官用貼布縫來製作

本體

0.5

②周圍縫上
一圈平針縫

③與「貓熊麵包」的③④相同，
做成圓頂狀

④2 片對齊，一邊塞入一層薄薄
的棉花，一邊捲邊縫將周圍縫
合起來，再縫在本體上

耳朵的間隔
約 9

距離底部 1

耳朵

本體

耳朵

猴子麵包

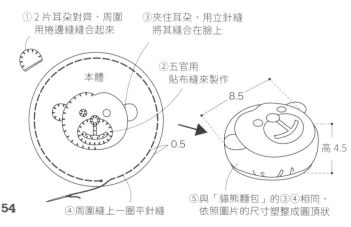

①2 片耳朵對齊，周圍
用捲邊縫縫合起來

③夾住耳朵，用立針縫
將其縫合在臉上

②五官用
貼布縫來製作

本體

0.5

8.5

高 4.5

④周圍縫上一圈平針縫

⑤與「貓熊麵包」的③④相同，
依照圖片的尺寸塑整成圓頂狀

白熊麵包

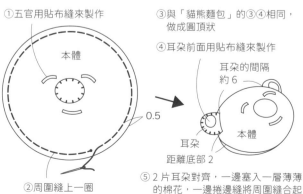

①五官用貼布縫來製作

本體

0.5

②周圍縫上一圈
平針縫

③與「貓熊麵包」的③④相同，
做成圓頂狀

④耳朵前面用貼布縫來製作

耳朵的間隔
約 6

本體

耳朵

距離底部 2

⑤2 片耳朵對齊，一邊塞入一層薄薄
的棉花，一邊捲邊縫將周圍縫合起
來，再縫在本體上

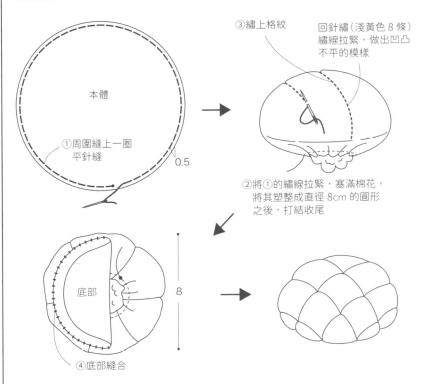

≫ p.25. 26. 28

菠蘿麵包
烏龜麵包
兔子麵包

實物大小紙型 B 面

成品尺寸

菠蘿麵包、烏龜麵包（只有麵包部分）
約直徑 8×厚 5cm

兔子麵包（耳朵不算）
約直徑 7×厚 4cm

準備材料

〔菠蘿麵包、烏龜麵包都要用到的材料〕
不織布／淺黃色（331）2 片
〔只有烏龜麵包〕
不織布／深咖啡色（229）適量
〔兔子麵包〕
不織布／米白色（701）2 片、米色（221）
$\frac{1}{4}$ 片、深咖啡色（229）・深紅棕色（237）
各適量
〔3 種麵包都要用到的材料〕
繡線／與不織布同色　其他／棉花

製作要點

• 縫合的繡線取 1 條，顏色與不織布相同
• 貼布縫用「立針縫」（參考 p.9）縫合
• 除另有指定外，棉花都要塞滿

菠蘿麵包

本體

①周圍縫上一圈平針縫

0.5

③繡上格紋

回針繡（淺黃色 8 條）
繡線拉緊，做出凹凸
不平的模樣

②將①的繡線拉緊，塞滿棉花，
將其塑整成直徑 8cm 的圓形
之後，打結收尾

底部

8

④底部縫合

烏龜麵包

與「菠蘿麵包」①～③相同，做出本體

④製作頭和腳
❷ 2 片對齊，一邊塞入
一層薄薄的棉花，
一邊用捲邊縫縫合

頭

❶五官用
貼布縫來做

※ 同樣製作四隻腳
（不用貼布縫）

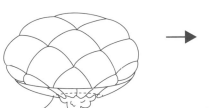

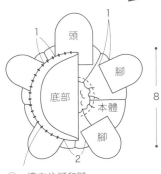

頭
腳
底部
本體
腳
1
1
8
2

⑤一邊夾住頭和腳，
一邊將本體與底部縫合起來

⑥頭和腳與本體側邊
縫合起來

腳
頭

兔子麵包

①五官用貼布縫來製作

本體

②周圍縫上一圈平針縫

0.5

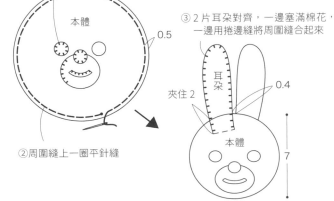

③ 2 片耳朵對齊，一邊塞滿棉花，
一邊用捲邊縫將周圍縫合起來

夾住 2

耳朵

0.4

本體

本體

7

④與 p.54「貓熊麵包」的③相同，做成直徑 7cm 的
圓頂狀，再一邊夾住耳朵，一邊將底部縫合起來

≫ p.27. 28. 29

小老鼠麵包
法國棍子麵包
可樂餅麵包

實物大小紙型 B 面

〔成品尺寸〕

小老鼠麵包
約長 8×寬 13.5×厚 4cm

法國棍子麵包
約長 12×寬 5×厚 4cm

可樂餅麵包
約寬 8×長 7×高 10cm

〔準備材料〕

〔小老鼠麵包〕
不織布／紅棕色（225）2 片、
　　　　深咖啡色（229）$\frac{1}{4}$ 片

〔法國棍子麵包〕
不織布／土黃色（RN-34）1 片、
　　　　淺黃色（331）$\frac{1}{2}$ 片

〔可樂餅麵包〕
不織布／淺棕色（219）2 片、
　　　　米白色（701）‧紅棕色（225）各
　　　　$\frac{1}{2}$ 片、黃綠色（450）$\frac{1}{4}$ 片
其他／0.5mm 的厚紙板 15×15cm
〔3 種麵包都要用到的材料〕
繡線／與不織布同色　其他／棉花

〔製作要點〕

• 縫合的繡線取 1 條，顏色與不織布相同
• 貼布縫用「立針縫」（參考 p.9）縫合
• 除另有指定外，棉花都要塞滿

小老鼠麵包

⑤鼻子周圍縫上
一圈平針縫

0.3

鼻子

打褶

②本體所有打褶的地
方都用藏針縫（參考
p.79）縫合

右耳

③

①五官用貼布縫來做

距離
打褶處 1

③ 2 片耳朵對
齊，一邊塞
入棉花，一
邊用捲邊縫
縫合

左耳

鼻子

1.7

本體

本體後方

鼻子

0.5

⑥將⑤的繡線拉緊，塞入棉花
之後縫合在本體上

④前後 2 片本體對齊，夾住耳朵之後，一邊塞滿
棉花，一邊用捲邊縫將本體周圍縫合起來

法國棍子麵包

①墊布墊在內側後
縫合

本體

打褶

②打褶的地方全部用
藏針縫（參考 p.79）
縫合

③上下 2 片本體對齊，
一邊塞入棉花，一邊用
捲邊縫將邊緣縫合起來

墊布

本體

可樂餅麵包

1. 製作麵包

①本體周圍縫上
一圈平針縫

②一邊將①的繡線拉緊，一邊塞入
棉花，再將厚紙板疊放在裡面

棉花

厚紙板

本體

0.5

8

7

約 3

約 4

③依照圖片的尺寸塑整
成橢圓形，打結收尾

④切面用捲邊縫縫合

切面

切面

※ 製作 2 個

切面

本體

約 7

1

開始及最後要
重複縫合 2-3 次

⑤麵包兩端距離底部約 1cm 高的地方
用藏針縫縫合（參考 p.79）

2. 製作可樂餅

①2 片對齊，除了返口，
其他地方用全回針縫
（p.79）縫合起來

②在縫份周圍剪牙口

返口

0.5

③翻回表面，塞入一層棉花之後，
以藏針縫將返口縫合起來

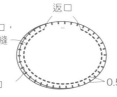

麵包

可樂餅

萵苣葉

④將可樂餅和
萵苣葉夾在
麵包裡

» p.25. 28

可頌麵包
土司
葡萄乾麵包

實物大小紙型 B 面

成品尺寸

可頌麵包
約長 5.5×寬 11×厚 4.5cm

土司、葡萄乾麵包
約長 9.5×寬 8×厚 5cm

準備材料

〔可頌麵包〕
不織布／深棕色(227) 1½ 片

〔土司、葡萄乾麵包都要用到的材料〕
不織布／土黃色(RN-34)、象牙色(RN-24) 各 1 片　其他／厚紙(底板)0.5mm
的厚紙板 20×15cm

〔只有葡萄乾麵包〕
不織布／紫色(668) ¼ 片

〔3 種麵包都要用到的材料〕
繡線／與不織布同色　其他／棉花

製作要點

• 縫合的繡線取 1 條，顏色與不織布相同
• 貼布縫用「立針縫」(參考 p.9)縫合
• 除另有指定外，棉花都要塞滿

可頌麵包

1. 製作本體

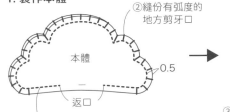

② 縫份有弧度的地方剪牙口

本體

0.5

返口

① 2 片本體對齊，除了返口，其他地方用全回針縫(參考 p.79)縫合起來

③ 翻回正面，塞入棉花之後，以藏針縫(參考 p.79)將返口縫合起來

2. 中間的捲痕做好之後縫合在本體上

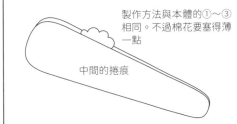

製作方法與本體的①~③相同。不過棉花要塞得薄一點

中間的捲痕

④ 將中間的捲痕捲在本體上，最後在背面縫合固定

中間的捲痕

本體　0.5

土司

① 製作麵包邊

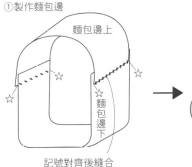

麵包邊上

☆　☆

☆ 麵包邊下

記號對齊後縫合

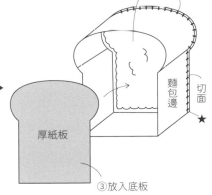

② 切面與①用捲邊縫縫合之後，塞進一層薄薄的棉花

麵包邊

切面

★

厚紙板

③ 放入底板

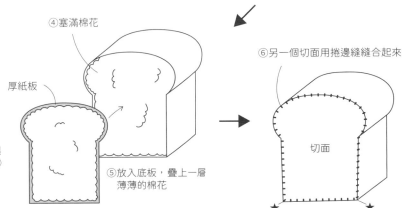

④ 塞滿棉花

厚紙板

⑤ 放入底板，疊上一層薄薄的棉花

⑥ 另一個切面用捲邊縫縫合起來

切面

★　★

葡萄乾麵包

① 葡萄乾用貼布縫縫合在切面上

切面　麵包邊

② 其他的製作方法與「土司」的①~⑥相同

≫ p.28

托盤、夾子

實物大小紙型 B 面

成品尺寸

托盤　約 30×25×高 2cm
夾子　約寬 4.5×長 18.5cm

準備材料

〔托盤〕
不織布（大片 40×40cm）／米白色（701）
2 片　繡線／米白色
其他／ 0.5mm 的厚紙板 30×30cm、
透明膠帶

〔夾子〕
不織布（大片 40×40cm）／灰色混紡
（MB）$\frac{1}{2}$ 片　繡線／灰色、炭灰色　其他
／ 0.5mm 的厚紙板 36×7.8cm、棉花、
雙面膠、白膠

製作要點

• 縫合的繡線取 1 條，顏色與不織布相同

托盤

1. 製作底板

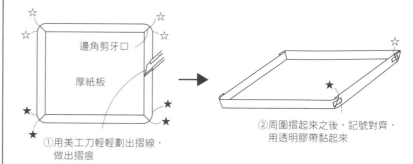

①用美工刀輕輕劃出摺線，做出摺痕

邊角剪牙口
厚紙板

②周圍摺起來之後，記號對齊，用透明膠帶黏起來

2. 用不織布包起來

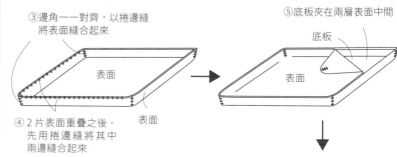

③邊角一一對齊，以捲邊縫將表面縫合起來

表面

④2 片表面重疊之後，先用捲邊縫將其中兩邊縫合起來

表面

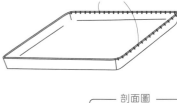

⑤底板夾在兩層表面中間

底板
表面

⑥剩下的兩邊用捲邊縫縫合起來

夾子

1. 製作本體

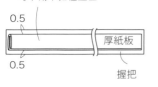

①在表面的那一側繡上圖案

止縫處
鎖鍊繡（炭灰色 4 條）
本體

②2 片本體對齊，除了止縫處，其他地方用捲邊縫縫合
※ 製作 2 個

③厚紙板摺成四折，用雙面膠貼合之後，再用白膠將握把的不織布黏在上面

0.5
0.5
厚紙板
握把

2. 製作握把

①用美工刀在厚紙板上輕輕劃出摺線，做出摺痕

7.8

2
1.9
1.9
2

36

②剪下兩片不織布

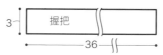

3
握把
36

④另取一片不織布，對齊之後用白膠黏合，乾了之後再用捲邊縫將長邊縫合起來

握把

3. 完成

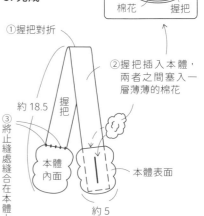

①握把對折

②握把插入本體，兩者之間塞入一層薄薄的棉花

約 18.5
握把
③將止縫處縫合在本體上

本體內面
本體表面
約 5

剖面圖
棉花
本體
棉花
握把

≫ p.35

土司時鐘

實物大小紙型 A 面

成品尺寸

約長 20.5×寬 21×厚 1.6cm

準備材料

不織布（可水洗不織布 2mm 厚 50×55cm）／
乳白色（2100）1 片、棕色（2035）$\frac{1}{10}$ 片、**不織布**
（18×18cm）／白色（RN-1）・檸檬黃（RN-7）・
灰色（RN-16）・朱紅色（RN-23）・象牙色（RN-24）、土黃色（RN-34）各 $\frac{1}{4}$ 片　繡線／與不織布
同色、青色、藍紫色、紫紅色、奶油色、黑色、
紅棕色　其他／1.2cm 厚保麗龍板（A4 大）1 片
時鐘零件（文字板厚 1.6cm）一組、白膠、錐子
或打洞器

製作要點

• 縫合的繡線取 1 條，顏色與不織布相同
• 貼布縫用「立針縫」（參考 p.9）縫合
• 用錐子等工具在機芯的位置上鑽一個
　可以安裝時鐘零件的孔洞

刺繡的方法 ※此為縮小的圖案

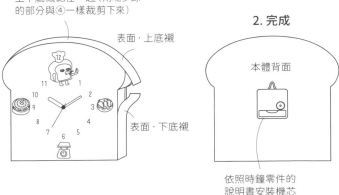

製圖與裁剪圖　全部裁剪下來

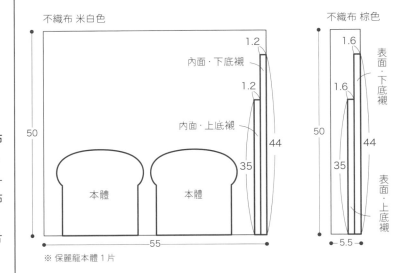

※ 保麗龍本體 1 片

1. 製作本體

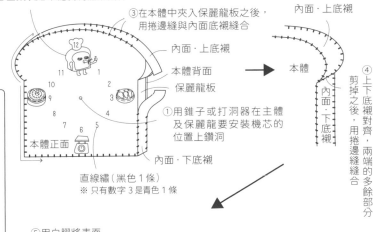

2. 完成

依照時鐘零件的
說明書安裝機芯

認知數字的麵包家族布球

實物大小紙型 B 面

成品尺寸

直徑約 16cm

準備材料

不織布／朱紅色（114）‧黃色（332）‧綠色（440）‧青色（546）各 2 片、深粉紅色（128）‧橘色（370）‧深水藍色（583）‧白色（703）‧土黃色（RN-34）各 1 片、米白色（701）$\frac{1}{2}$ 片、灰粉紅色（102）‧棣棠花色（334）‧黑色（790）‧象牙色（RN-24）各 $\frac{1}{4}$ 片、粉紅色（103）‧淺黃色（331）‧淺橙色（RN-32）‧灰色（771）‧黃綠色（RN-48）各適量

繡線／與不織布同色、深灰色、淺灰色、棕色

其他／棉花 120g

製作要點

• 縫合的繡線取 2 條，顏色與不織布相同
• 刺繡的方法和配置請參考 p.61
• 先在零件上刺繡，之後再來做貼布縫。
  貼布縫要一邊思考重疊的順序，一邊用
  「立針縫」（參考 p.9）縫合

1. 製作五角形的零件並拼合

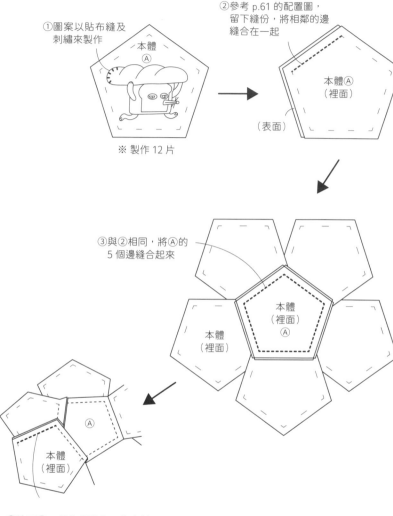

①圖案以貼布縫及刺繡來製作

②參考 p.61 的配置圖，留下縫份，將相鄰的邊縫合在一起

本體Ⓐ

本體Ⓐ（裡面）

（表面）

※ 製作 12 片

③與②相同，將Ⓐ的 5 個邊縫合起來

本體（裡面）Ⓐ

本體（裡面）

本體（裡面）

本體（裡面）Ⓐ

④除了Ⓐ，其他相鄰的 2 片布料正面相對合攏之後再縫合

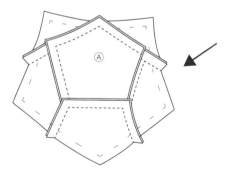

Ⓐ

※ 再做一大片一模一樣的

2. 兩大片拼合在一起

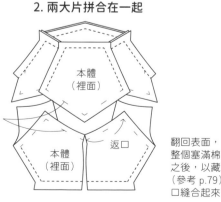

本體（裡面）

本體（裡面）

返口

將配置圖上有★的那一面對齊，留下一邊當作返口，其他部分正面相對合攏之後再縫合

3. 完成

翻回表面，整個塞滿棉花之後，以藏針縫（參考 p.79）將返口縫合起來

配置圖

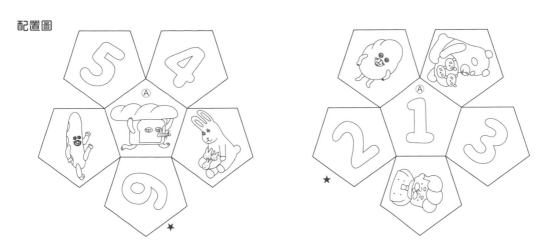

刺繡的方法 ※ 此為縮小的圖案

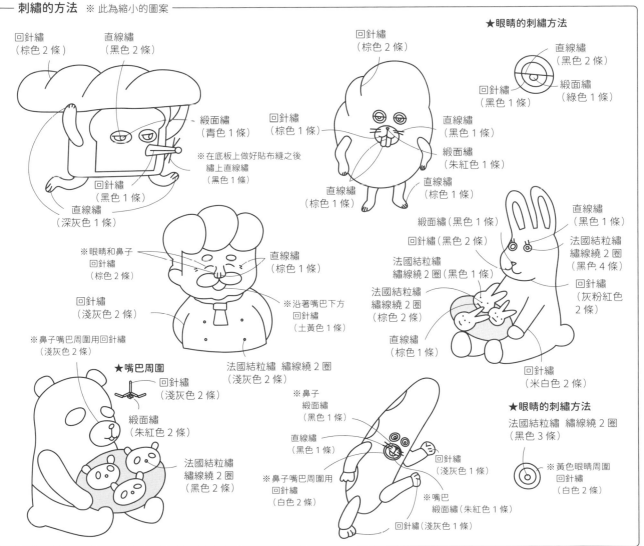

回針繡
（棕色 2 條）

直線繡
（黑色 2 條）

★眼睛的刺繡方法

回針繡
（棕色 2 條）

直線繡
（黑色 2 條）

回針繡
（黑色 1 條）

緞面繡
（綠色 1 條）

緞面繡
（青色 1 條）

回針繡
（棕色 1 條）

※在底板上做好貼布縫之後
繡上直線繡
（黑色 1 條）

直線繡
（黑色 1 條）

緞面繡
（朱紅色 1 條）

回針繡
（棕色 1 條）

直線繡
（黑色 1 條）

直線繡
（深灰色 1 條）

直線繡
（棕色 1 條）

緞面繡（黑色 1 條）

回針繡（黑色 2 條）

法國結粒繡
繡線繞 2 圈（黑色 1 條）

法國結粒繡
繡線繞 2 圈（棕色 2 條）

直線繡
（黑色 1 條）

法國結粒繡
繡線繞 2 圈
（黑色 4 條）

回針繡
（灰粉紅色
2 條）

※眼睛和鼻子
回針繡
（棕色 2 條）

直線繡
（棕色 1 條）

※沿著嘴巴下方
回針繡
（土黃色 1 條）

直線繡
（棕色 1 條）

回針繡
（淺灰色 2 條）

※鼻子嘴巴周圍用回針繡
（淺灰色 2 條）

回針繡
（米白色 2 條）

★嘴巴周圍

法國結粒繡 繡線繞 2 圈
（淺灰色 2 條）

★眼睛的刺繡方法

回針繡
（淺灰色 2 條）

※鼻子
緞面繡
（黑色 1 條）

法國結粒繡 繡線繞 2 圈
（黑色 3 條）

緞面繡
（朱紅色 2 條）

直線繡
（黑色 1 條）

回針繡
（淺灰色 1 條）

※黃色眼睛周圍
回針繡
（白色 2 條）

法國結粒繡
繡線繞 2 圈
（黑色 2 條）

※鼻子嘴巴周圍用
回針繡
（白色 2 條）

※嘴巴
緞面繡（朱紅色 1 條）

回針繡（淺灰色 1 條）

≫ p.32

手指劇場

實物大小紙型 A 面

〔成品尺寸〕

手套　約長 20×寬 20cm
麵包小偷　約長 5×寬 5.5cm
沙發　約長 8×寬 10.5cm
桌子　約長 6.5×寬 7cm
土司　約長 3×寬 3cm
兔子麵包　約長 4×寬 2.5cm
白熊麵包　約長 2×寬 3.3cm
猴子麵包　約長 3×寬 2.5cm
貓熊麵包　約長 2×寬 3.5cm
奶油麵包　約長 1.5×寬 3cm
巧克力螺旋麵包　約長 3×寬 2cm
可樂餅麵包　約長 3×寬 2.7cm

〔準備材料〕

不織布／黃色（332）2 片、芥末色（333）・
象牙色（RN-24）・土黃色（RN-34）各 1 片、
紅棕色（RN-6）$\frac{1}{2}$ 片、白色（RN-1）$\frac{1}{4}$ 片、
祖母綠色（443）・灰色（771）・朱紅色（RN-
23）・深米色（RN-25）・米色（RN-33）・深
棕色（RN-36）各適量　**繡線／**與不織布同
色、淺棕色、金棕色、黑色
其他／2.5m 寬的魔鬼氈（白色）30cm、
棉花、白膠

〔製作要點〕

• 縫合的繡線取 1 條，除了指定的顏色，
　還要準備與不織布、魔鬼氈相同的顏色
• 魔鬼氈與貼布縫用「立針縫」（參考 p.9）
　縫合
• 棉花輕輕塞入

1. 製作手套

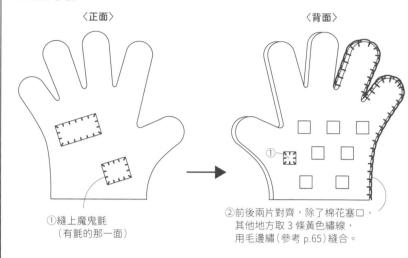

〈正面〉　〈背面〉

①縫上魔鬼氈
（有氈的那一面）

②前後兩片對齊，除了棉花塞口，
其他地方取 3 條黃色繡線，
用毛邊繡（參考 p.65）縫合。

2. 製作麵包小偷

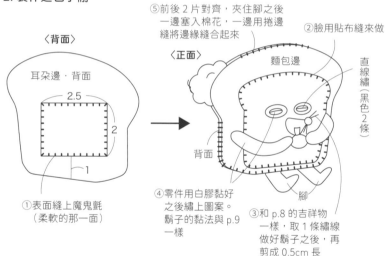

〈背面〉
耳朵邊・背面
2.5
2
1

①表面縫上魔鬼氈
（柔軟的那一面）

⑤前後 2 片對齊，夾住腳之後
一邊塞入棉花，一邊用捲邊
縫將邊緣縫合起來

〈正面〉
②臉用貼布縫來做
麵包邊
直線繡（黑色 2 條）
背面
腳

④零件用白膠黏好
之後繡上圖案。
鬍子的黏法與 p.9
一樣

③和 p.8 的吉祥物
一樣，取 1 條繡線
做好鬍子之後，再
剪成 0.5cm 長

3. 製作桌子

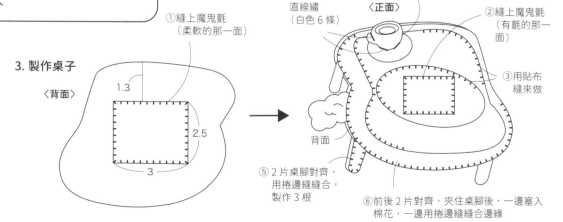

〈背面〉
1.3
2.5
3

①縫上魔鬼氈
（柔軟的那一面）

④用白膠黏好之後繡上圖案

直線繡（白色 6 條）

〈正面〉

②縫上魔鬼氈
（有氈的那一面）

③用貼布縫來做

背面

⑤2 片桌腳對齊，
用捲邊縫縫合，
製作 3 根

⑥前後 2 片對齊，夾住桌腳後，一邊塞入
棉花，一邊用捲邊縫縫合邊緣

4. 製作沙發

5. 製作麵包

〈背面〉

③繡上線條

回針繡
（土黃色 3 條）

〈正面〉

背面

②縫上魔鬼氈
（有氈的那一面）

①縫上魔鬼氈
（柔軟的那一面）

⑤前後 2 片對齊，夾
住腳之後一邊塞入
棉花，一邊用捲邊
縫縫合邊緣

④ 2 片桌腳對齊，用
捲邊縫縫合，製作 3 根

在〈麵包都要用到的材料〉
後面縫上魔鬼氈

①縫上魔鬼氈（柔軟的那一面）

〈背面〉

土司

②切面用貼布縫來做

切面

③前後 2 片對齊，一邊塞入棉花，
一邊用捲邊縫將邊緣縫合起來

卡士達麵包

②繡上線條

直線繡
（金棕色 6 條）

③前後 2 片對齊，一邊塞
入棉花，一邊用捲邊縫將
邊緣縫合起來

猴子麵包

②臉以貼布縫及
刺繡來製作

法國結粒繡
繡線繞 1 圈
（深棕色 6 條）

法國結粒繡
繡線繞 2 圈
（深棕色 6 條）

直線繡
（深棕色 3 條）

③前後 2 片對齊，一邊
塞入棉花，一邊用
捲邊縫將邊緣縫合起來

貓熊麵包

②用白膠黏上眼睛和鼻子

④黏在背面

④黏在正面

③前後 2 片對齊，一邊塞入棉花，
一邊用捲邊縫將邊緣縫合起來

白熊麵包

法國結粒繡
繡線繞 1 圈
（深棕色 6 條）

②用白膠黏好鼻子
之後繡上圖案

直線繡
（深棕色 6 條）
※調整出下垂的線條
再塗上白膠固定

③前後 2 片對齊，一邊塞入棉花，
一邊用捲邊縫將邊緣縫合起來

兔子麵包

②臉以貼布縫及刺繡來製作

法國結粒繡
繡線繞 1 圈
（深棕色 6 條）

直線繡
（深棕色 6 條）

法國結粒繡
繡線繞 2 圈（深棕色 6 條）

③前後 2 片對齊，一邊塞
入棉花，一邊用捲邊縫
將邊緣縫合起來

巧克力螺旋麵包

〈正面〉

③繡上線條

直線繡
（淺棕色 6 條）

②巧克力奶油和麵包的各
個部分疊在一起之後，
用白膠黏起來

④前後 2 片對齊，一邊
塞入棉花，一邊用
捲邊縫將邊緣縫合起來

可樂餅麵包

〈正面〉

夾在剪口裡

②只有萵苣葉
放在麵包上

麵包

可樂餅

萵苣葉

③疊好之後用立針縫縫合

麵包背面

④前後 2 片對齊，一邊塞入棉花，
一邊用捲邊縫將邊緣縫合起來

≫ p.36
麵包小偷
斜背包
實物大小紙型 B 面

〔成品尺寸〕

約長 20×寬 20.5cm（背帶不算）

〔準備材料〕

不織布／土黃色（RN-34）4片、象牙色（RN-24）2 片、灰色（RN-16）1 片、白色（RN-1）・朱紅色（RN-23）・黑色（RN-31）・青色（RN-46）各適量　繡線／與不織布同色、深灰色　其他／2cm 寬的斜紋帶（深棕色）80cm、直徑 1.7cm 的凹凸扣 1 組

〔製作要點〕

• 貼布縫的繡線 1 條，與不織布同色，並用「立針縫」（參考 p.9）縫合
• 縫合的繡線取 2 條，顏色與不織布相同
• 本體是由前後及內外各兩片縫合製成的
• 切面的形狀前後不同，要注意

1. 製作手、腳

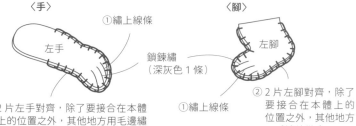

〈手〉　①繡上線條　〈腳〉

左手　左腳

鎖鍊繡（深灰色 1 條）

①繡上線條

②2 片左手對齊，除了要接合在本體上的位置之外，其他地方用毛邊繡（灰色 2 條）（參考 p.65）來縫合

②2 片左腳對齊，除了要接合在本體上的位置之外，其他地方用毛邊繡縫合

※ 右手右腳作法相同

2. 製作正面

〈表面〉

①以貼布縫及刺繡來製作切面

❶依序將眼睛周圍的眼白→藍眼珠→眼睛上方做成貼布縫之後，用立針縫縫合在切面上

❷嘴巴做成貼布縫之後縫合在鼻子上

❸❷的縫合位置做成貼布縫之後繡上鬍子

❹鼻尖做成貼布縫之後，縫合在❸上

麵包邊

切面・正面

②以立針縫將切面縫合在麵包邊上
※ 注意，切面有分正背兩面

③左手用毛邊繡縫合

回針繡（黑色 1 條）

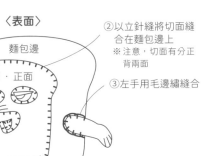

④內側朝正面的那一側縫上凹凸扣（凹面）

〈內面〉

⑥內外兩面對齊，用毛邊繡將兩個止縫點之間的開口側縫合起來

麵包邊內面

止縫點

麵包邊表面

止縫點

右腳　左腳

⑤用立針縫將腳縫合在背面

64

3. 製作背面

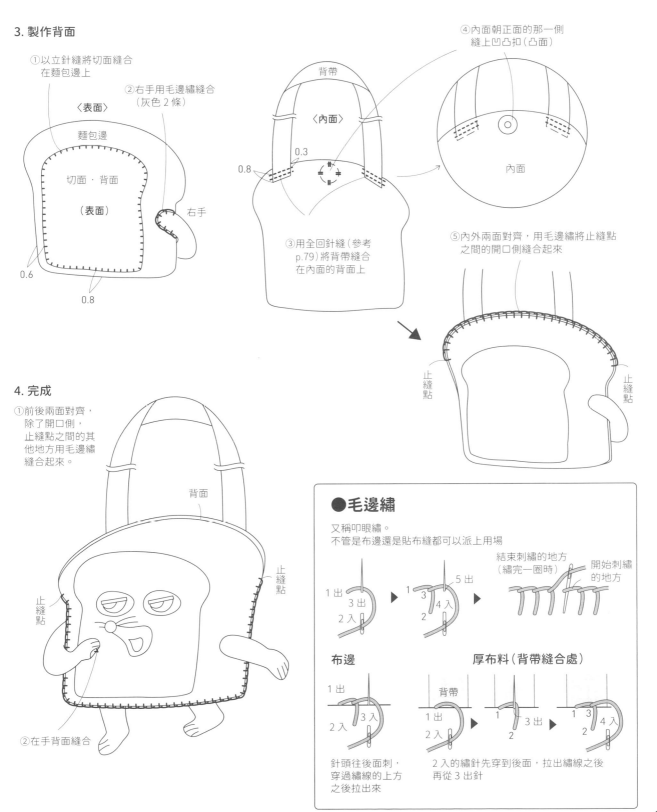

①以立針縫將切面縫合在麵包邊上

②右手用毛邊繡縫合（灰色 2 條）

〈表面〉

麵包邊

切面・背面

（表面）

右手

0.6

0.8

④內面朝正面的那一側縫上凹凸扣（凸面）

背帶

〈內面〉

0.3

0.8

③用全回針縫（參考 p.79）將背帶縫合在內面的背面上

內面

⑤內外兩面對齊，用毛邊繡將止縫點之間的開口側縫合起來

止縫點

止縫點

4. 完成

①前後兩面對齊，除了開口側，止縫點之間的其他地方用毛邊繡縫合起來。

背面

止縫點

止縫點

②在手背面縫合

●毛邊繡

又稱叩眼繡。

不管是布邊還是貼布縫都可以派上用場

1 出
3 出
2 入

1
3
2 入
5 出
4 入

結束刺繡的地方（繡完一圈時）

開始刺繡的地方

布邊

1 出
2 入
3 入

針頭往後面刺，穿過繡線的上方之後拉出來

厚布料（背帶縫合處）

背帶

1 出
2 入
3 出

1
2
3 出

1
2
3
4 入

2 入的繡針先穿到後面，拉出繡線之後再從 3 出針

≫p.38

美好時光
桌墊收納袋

實物大小紙型 p.70

〔成品尺寸〕

午餐墊　約長 25×寬 35cm
便當袋　約長 20×寬 16×底襯 10cm
杯袋　約長 20×寬 9×底襯 8cm

〔準備材料〕

布／亞麻（米白色）75×45cm、棉布（灰色和白色條紋）50×35cm、（黃色）90×60cm　繡線／深灰色 04、黑色 310、灰色 318、朱紅色 350、炭灰色 413、棕色 433、土黃色 435、藍色 517、象牙色 3033、粉紅色 3354、黃色 3822、白色 3865
其他／布襯 75×80cm、直徑 0.5cm 的繩子（米白色）2.5m、60 號車縫線（米白色）

〔製作要點〕

• 刺繡的圖案請參考 p.70，並按照 p.7 的方法將圖案複寫在布料

製圖與裁剪圖　周圍留下 1cm 的縫份

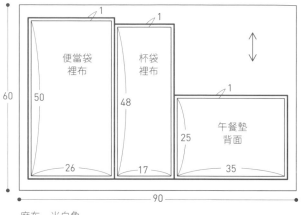

棉布　黃色

便當袋裡布　50　26
杯袋裡布　48　17
午餐墊背面　25　35
60　90　1　1　1

麻布　米白色

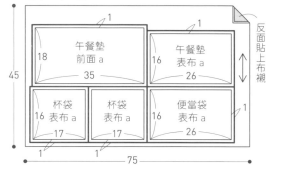

午餐墊前面 a　18　35
午餐墊表布 a　16　26
杯袋表布 a　16　17
杯袋表布 a　16　17
便當袋表布 a　16　26
45　75　1　1　1　1
反面貼上布襯

棉布　灰色和白色條紋

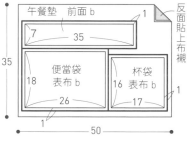

午餐墊　前面 b　7　35
便當袋表布 b　18　26
杯袋表布 b　16　17
35　50　1　1　1
反面貼上布襯

午餐墊

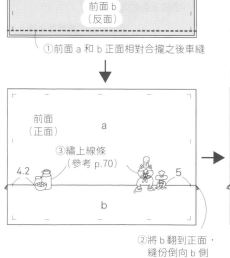

前面 a（正面）
前面 b（反面）

①前面 a 和 b 正面相對合攏之後車縫

前面（正面）　a
③繡上線條（參考 p.70）
4.2　5
b

②將 b 翻到正面，縫份倒向 b 側

前面（正面）　返口 7
④前後兩面的正面相對合攏，除了返口，其他地方車縫
背面（反面）
1

⑥周圍縫合起來
0.8
前面（正面）
⑤翻回正面，以藏針縫（參考 p.79）將返口縫合起來

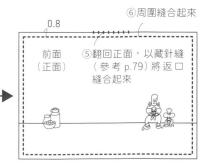

便當袋

①在表布 a 繡上圖案（參見 p.70）

表布 a
（正面）

6

②參考午餐墊①的
作法，表布 a 和 b
正面相對合攏之後
縫合，縫份倒向 b 側

表布 b
（正面）

表布 a
（正面）

③表布與裡布對齊之後車縫

★

裡布
（反面）

③★

表布（正面）

④將③的縫份往兩邊打開，開口側（★）
對齊，除了返口與穿繩口，兩側的其
他地方車縫

裡布
（正面）

底部

9

裡布
（反面）

返
口
7

開口側（★）

2

穿
繩
口
2

2

穿
繩
口
2

表布
（反面）

表布（正面）

底部

（反面）

側邊

1

⑥多餘的縫份裁
剪下來
表布、裡布各
製作 2 處

10

底部

⑤底角摺成三角形之後，
車縫底襯

裡布
（正面）

⑦翻回正面，以藏針縫
將返口縫合起來

表布
（正面）

杯袋

表布
（正面）

4.5

①先參考便當袋①②的作法製
作表布，再根據③④的作法
製作裡布，車縫兩側

②參考便當袋⑤⑥的
作法，製作底襯

側邊

（反面）

1

8

裡布
（正面）

2
2

繩子（各50cm）

表布
（正面）

底襯 8

9

③參考便當袋⑦～⑨
的作法，製作底部

20

穿繩方法

裡布
（正面）

2
2

⑨繩子（各72cm）交

替穿過後打結

⑧裡布套進表布裡，
穿繩之後車縫

表布
（正面）

底襯 10

16

20

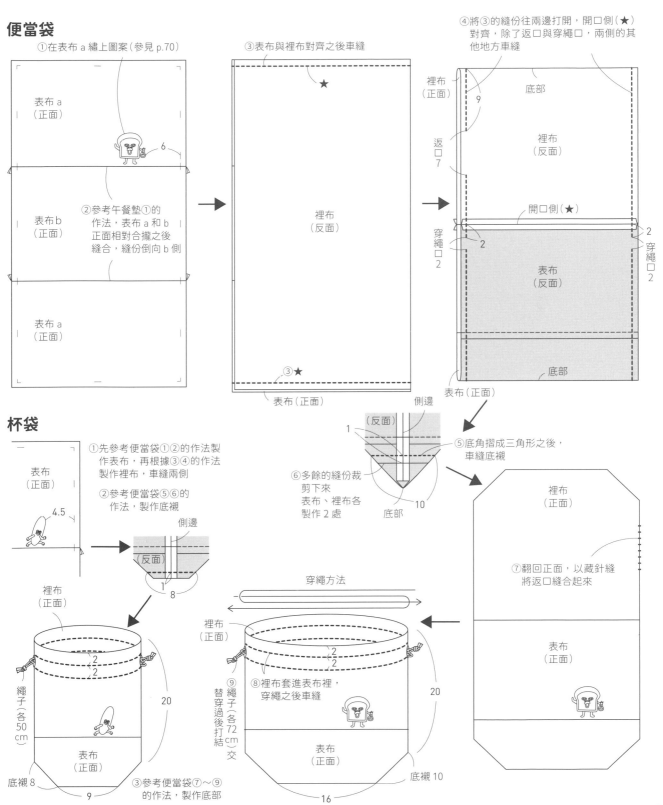

69

實物大小紙型 ※刺縫針法參考p.79

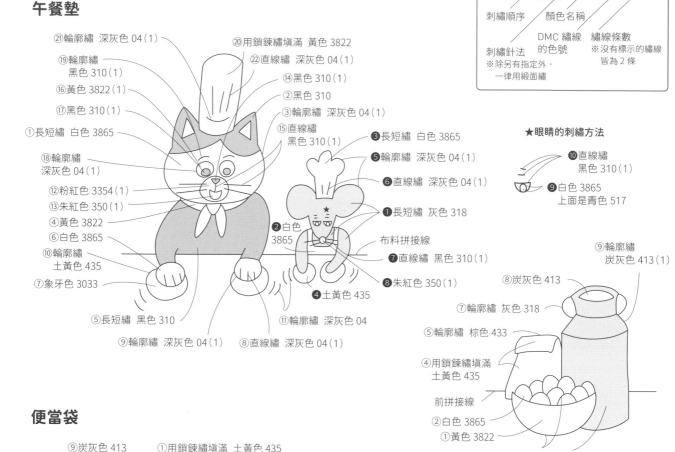

午餐墊

㉑輪廓繡 深灰色 04(1)

⑲輪廓繡 黑色 310(1)

⑯黃色 3822(1)

⑰黑色 310(1)

①長短繡 白色 3865

⑱輪廓繡 深灰色 04(1)

⑫粉紅色 3354(1)

⑬朱紅色 350(1)

④黃色 3822

⑥白色 3865

⑩輪廓繡 土黃色 435

⑦象牙色 3033

⑤長短繡 黑色 310

⑨輪廓繡 深灰色 04(1)

㉒用鎖鍊繡填滿 黃色 3822

㉒直線繡 深灰色 04(1)

⑭黑色 310(1)

②黑色 310

③輪廓繡 深灰色 04(1)

⑮直線繡 黑色 310(1)

❸長短繡 白色 3865

❺輪廓繡 深灰色 04(1)

❻直線繡 深灰色 04(1)

❶長短繡 灰色 318

❷白色 3865

布料拼接線

❼直線繡 黑色 310(1)

❽朱紅色 350(1)

❹土黃色 435

⑪輪廓繡 深灰色 04

⑧直線繡 深灰色 04(1)

★眼睛的刺繡方法

⑩直線繡 黑色 310(1)

⑨白色 3865 上面是青色 517

⑨輪廓繡 炭灰色 413(1)

⑧炭灰色 413

⑦輪廓繡 灰色 318

⑤輪廓繡 棕色 433

④用鎖鍊繡填滿 土黃色 435

前拼接線

②白色 3865

①黃色 3822

③輪廓繡 黃色 3822 ⑥用鎖鍊繡填滿 灰色 318

刺繡順序／顏色名稱

① 輪廓繡 深灰色 04(1)

刺繡針法 DMC 繡線 的色號 繡線條數
※沒有標示的繡線 皆為 2 條

※除另有指定外， 一律用緞面繡

便當袋

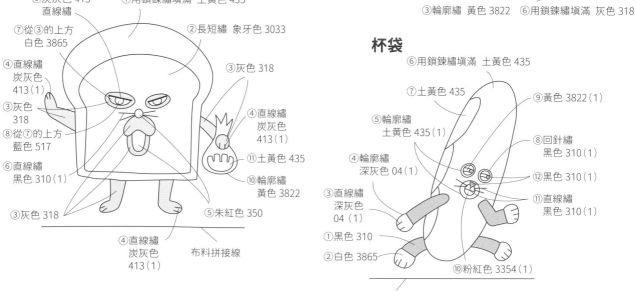

⑨炭灰色 413 直線繡

⑦從③的上方 白色 3865

④直線繡 炭灰色 413(1)

③灰色 318

⑧從⑦的上方 藍色 517

⑥直線繡 黑色 310(1)

③灰色 318

④直線繡 炭灰色 413(1)

布料拼接線

①用鎖鍊繡填滿 土黃色 435

②長短繡 象牙色 3033

③灰色 318

④直線繡 炭灰色 413(1)

⑪土黃色 435

⑩輪廓繡 黃色 3822

⑤朱紅色 350

杯袋

⑥用鎖鍊繡填滿 土黃色 435

⑦土黃色 435

⑤輪廓繡 土黃色 435(1)

④輪廓繡 深灰色 04(1)

③直線繡 深灰色 04(1)

①黑色 310

②白色 3865

⑨黃色 3822(1)

⑧回針繡 黑色 310(1)

⑫黑色 310(1)

⑪直線繡 黑色 310(1)

⑩粉紅色 3354(1)

布料拼接線

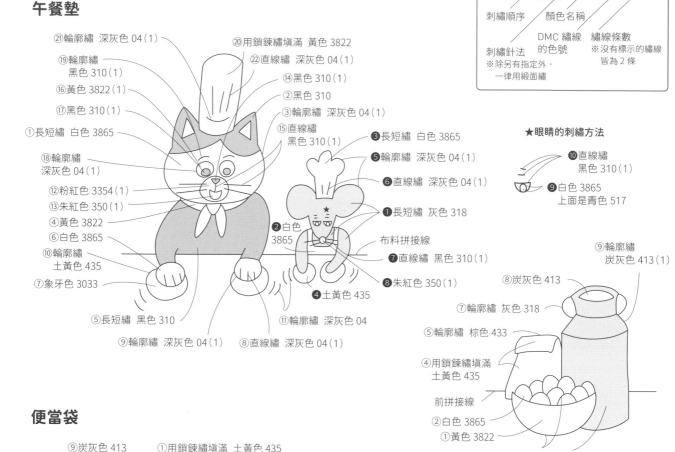

≫ p.42

學習袋 · 好難吃！

實物大小紙型 A 面

成品尺寸

約長 30×寬 40cm

準備材料

布料／素面酵素水洗棉麻布（水藍色）70×70cm、
（青色）42×34cm、軟棉布（淺黃色）42×62cm
不織布／紅棕色（RN-6）· 象牙白（RN-24）各 1
片、灰色（RN-16）· 土黃色（RN-34）各 $\frac{1}{2}$ 片、白
色（RN-1）· 淺橙色（RN-22）· 朱紅色（RN-23）、
青色（RN-46）各 $\frac{1}{4}$ 片　繡線／與不織布同色、淺
灰色、黃色、炭灰色　其他／60 號車縫線（與布
料同色）

製作要點

• 除另有指定外，貼布縫的繡線顏色與不織布相
　同，取 1 條，以「立針縫」（參考 p.9）縫合之
　後，再取 2 條，以毛邊繡（參考 p.65）將其縫在
　學習袋木體上

製圖與裁剪圖　周圍留下 1cm 的縫份，提帶用剪裁的布料

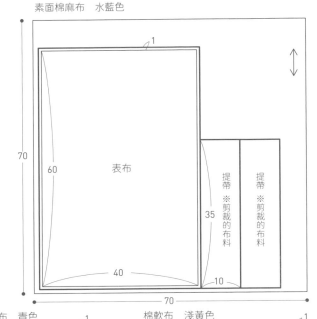

素面棉麻布　水藍色

表布

提帶 ※剪裁的布料

提帶 ※剪裁的布料

素面棉麻布　青色

底布

棉軟布　淺黃色

裡布

〈貼布縫的作法〉※ 此為縮小的圖案

❶ 分別在鼻子、下巴、舌頭、指尖和腳尖繡上圖案
❷ 將臉做成貼布縫，繡上皺紋之後縫在切面上
　嘴巴周圍依序縫上做成貼布縫的下巴、
　舌頭、鼻子和鼻尖
❸ 將做成貼布縫的切面縫在麵包邊上
❹ 依照腳→左手的順序，將做好的
　貼布縫縫在學習袋的指定位置上
❺ 依照❸→右手的順序，將
　做好的貼布縫縫在❹上
❻ 法國棍子麵包上墊布，做
　成貼布縫之後縫在提袋的指
　定位置上

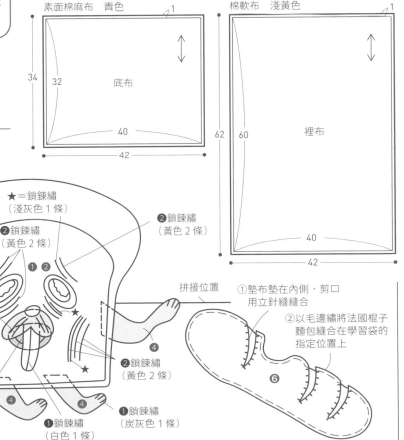

★＝鎖鍊繡
（淺灰色 1 條）

❷鎖鍊繡
（黃色 2 條）

❷鎖鍊繡
（黃色 2 條）

❶鎖鍊繡
（炭灰色 1 條）

❷鎖鍊繡
（黃色 2 條）

拼接位置

①墊布墊在內側，剪口
　用立針縫縫合

②以毛邊繡將法國棍子
　麵包縫合在學習袋的
　指定位置上

❷鎖鍊繡
（黃色 2 條）

❷鎖鍊繡
（黃色 2 條）

❶用鎖鍊繡填滿
（灰色 1 條）

❶鎖鍊繡
（白色 1 條）

❶鎖鍊繡
（炭灰色 1 條）

1. 製作提帶

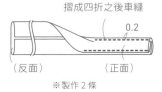

摺成四折之後車縫

0.2

（反面）　　（正面）

※製作 2 條

2. 在學習袋上縫上貼布縫，完成作品

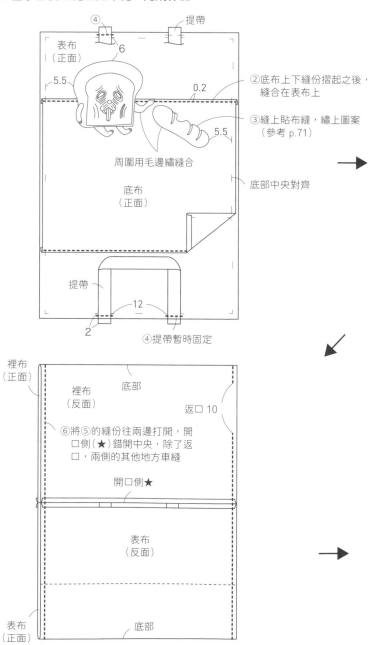

④

提帶

表布
（正面）

6

5.5

0.2

5.5

②底布上下縫份摺起之後，
　縫合在表布上

③縫上貼布縫，繡上圖案
　（參考 p.71）

周圍用毛邊繡縫合

底布
（正面）

底部中央對齊

提帶

12

2

④提帶暫時固定

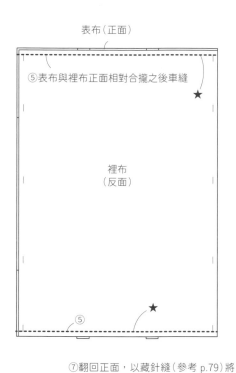

表布（正面）

⑤表布與裡布正面相對合攏之後車縫

★

裡布
（反面）

⑤

★

裡布
（正面）

底部

裡布
（反面）

返口 10

⑥將⑤的縫份往兩邊打開，開
　口側（★）錯開中央，除了返
　口，兩側的其他地方車縫

開口側★

表布
（反面）

表布
（正面）

底部

⑦翻回正面，以藏針縫（參考 p.79）將
　返口縫合起來

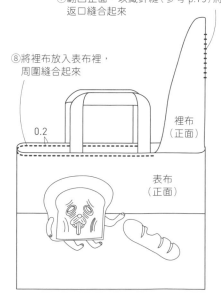

⑧將裡布放入表布裡，
　周圍縫合起來

0.2

裡布
（正面）

表布
（正面）

>> p.43

學習袋·蹭蹭臉

實物大小紙型 A 面

成品尺寸
約長 30×寬 40cm

準備材料
布料／棉布（黃色和白色條紋）42×62cm、印花棉布（薄荷綠）42×62cm、斜紋棉布（原色）70×40cm

不織布／紅棕色（RN-6）·象牙色（RN-24）·土黃色（RN-34）各 1 片、灰色（RN-16）$\frac{1}{2}$ 片、白色（RN-1）·檸檬黃（RN-7）各 $\frac{1}{4}$ 片、朱紅色（RN-23）·深棕色（RN-36）·紫紅色（RN-43）各適量

繡線／與不織布同色、奶油色、淺棕色、黑色

其他／60 號車縫線（米白色）

製作要點
• 除另有指定外，貼布縫的繡線顏色與不織布相同，取 1 條，以「立針縫」（參考 p.9）縫合之後，再取 2 條，以毛邊繡（參考 p.65）將其縫在學習袋本體上

製圖與裁剪圖
周圍留下 1cm 的縫份。提帶用剪裁的布料

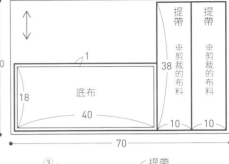

棉布／印花棉布

表布、裡布
62　60　40　42

斜紋棉布

提帶　提帶
※剪裁的布料　※剪裁的布料
40　1　38
底布　18
40　70　10　10

②縫上貼布縫，繡上圖案

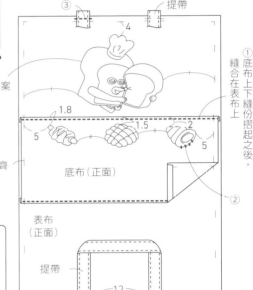

③　提帶
4
1.8
5　1.5　2　5
底部中央對齊　底布（正面）
①底布上下縫份摺起之後，縫合在表布上
②
表布（正面）
提帶
12
2
③參考 p.72「好難吃！」的①做好提帶，暫時固定

④製作方法與 p.72「好難吃！」2 ⑤～⑧相同

〈貼布縫的作法〉
※ 此為縮小的圖案

❶眼白繡上眼睛的圖案，將眼圈做成貼布縫。眼白周圍繡上圖案
❷在指尖、腳尖及廚師帽上繡上圖案
❸除了鼻尖與鬍子，臉部其他部位做成貼布縫，縫在切面上
❹將❸做成貼布縫，縫在麵包邊上
❺將切面做成貼布縫，縫在麵包邊上
❻依照腳→❹的順序，將做好的貼布縫縫在學習袋上指定位置
❼土司做成貼布縫，縫合在指定位置上之後繡上鬍子
❽鼻尖、左手、右手以及廚師帽做成貼布縫之後縫合上去

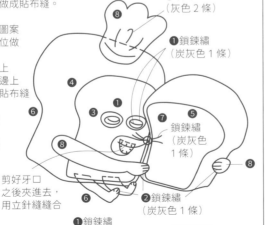

❷鎖鍊繡（灰色 2 條）
❶鎖鍊繡（炭灰色 1 條）
❼鎖鍊繡（炭灰色 1 條）
❷鎖鍊繡（炭灰色 1 條）

剪好牙口之後夾進去，用立針縫縫合

❶鎖鍊繡（朱紅色 2 條）
❷
❶鎖鍊繡（土黃色 2 條）
❶鎖鍊繡（土黃色 2 條）
❶依序繡上土黃色及朱紅色
❷依照臘腸→麵包的順序，將做好的貼布縫縫在指定位置上

❶鎖鍊繡（奶油色 2 條）
❷
❶繡上線條
❷將貼布縫縫在學習袋的指定位置上

❷鎖鍊繡（淺棕色 2 條）
③
❶將奶油做成貼布縫
❷繡上線條
❸將貼布縫縫在學習袋的指定位置上

>> p.46
麵包小偷
束口後背包
實物大小紙型 A 面

[成品尺寸]

約長 35×寬 25×底襯 10cm

[準備材料]

拼布／米白色 40×90cm、米色 50×30cm
不織布／棕色（RN-35）2 片・土黃色（RN-34）・象牙白（RN-24）・灰色（RN-16）各 1 片、淺黃色（RN-331）½ 片・白色（RN-1）・朱紅色（RN-23）各適量　繡線／與不織布同色、黑色　其他／2cm 寬的斜紋帶（米白色）16cm、直徑 0.5cm 的繩子（米色）2.8m、2cm 寬的魔鬼氈（白色）2.4cm、60 號車縫線（與布料同色）

[製作要點]

• 貼布縫的繡線 1 條，與布料及不織布同色，並用「立針縫」（參考 p.9）縫合

製圖與裁剪圖　主體的開口側預留 4cm 的縫份，其他地方的縫份為 1cm

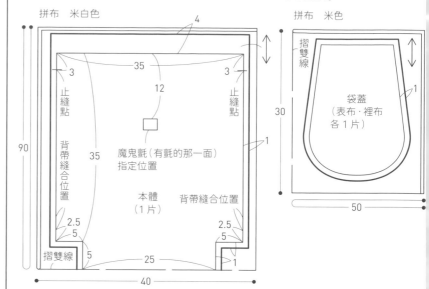

拼布　米白色

拼布　米色

1. 製作麵包

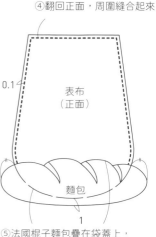

①疊放在墊布上，用立針縫（繡線 1 條）縫合

②前後 2 片對齊，一邊塞入棉花，一邊用捲邊縫（繡線 2 條）將周圍縫合起來

③繡針穿上繡線（淺黃色 2 條），穿到後面之後一邊用力拉線，一邊縫上回針繡

2. 製作袋蓋

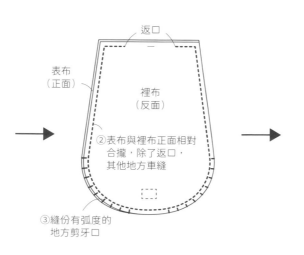

①縫上魔鬼氈（柔軟的那一面）

②表布與裡布正面相對合攏，除了返口，其他地方車縫

③縫份有弧度的地方剪牙口

④翻回正面，周圍縫合起來

⑤法國棍子麵包疊在袋蓋上，緊緊縫合，盡量把內側遮起來

76

3. 製作本體

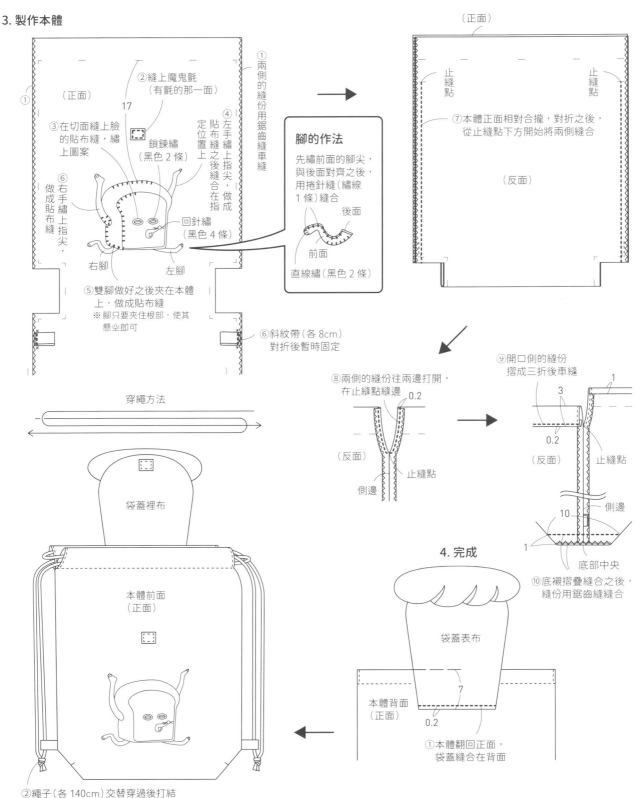

① 兩側的縫份用鋸齒縫車縫

（正面）

② 縫上魔鬼氈（有氈的那一面）

17

③ 在切面縫上臉的貼布縫，繡上圖案

鎖鍊繡（黑色 2 條）

④ 左手繡上指尖，貼布縫之後縫合在指定位置上

右手繡上指尖，做成貼布縫

回針繡（黑色 4 條）

右腳　左腳

⑤ 雙腳做好之後夾在本體上，做成貼布縫
※ 腳只要夾住根部，使其懸空即可

⑥ 斜紋帶（各 8cm）對折後暫時固定

腳的作法

先繡前面的腳尖，與後面對齊之後，用捲針縫（繡線 1 條）縫合

後面

前面

直線繡（黑色 2 條）

（正面）

止縫點　止縫點

⑦ 本體正面相對合攏，對折之後，從止縫點下方開始將兩側縫合

（反面）

⑧ 兩側的縫份往兩邊打開，在止縫點縫邊　0.2

（反面）

側邊

止縫點

⑨ 開口側的縫份摺成三折後車縫

1

3

0.2

（反面）

止縫點

側邊

10

底部中央

1

⑩ 底襯摺疊縫合之後，縫份用鋸齒縫縫合

4. 完成

袋蓋表布

本體背面（正面）

7

0.2

① 本體翻回正面，袋蓋縫合在背面

穿繩方法

袋蓋裡布

本體前面（正面）

② 繩子（各 140cm）交替穿過後打結

刺繡圖樣

※刺繡方式的標記規則，請參考 p.70 右上角

準備材料 繡線

麵包小偷／灰色 03、藍色 3760、炭灰色 3799、白色 3865、朱紅色 350、棕色 3826、米色 712、深棕色 976、奶油色 677

麵包小偷・太好了！／灰色 03、黑色 310、朱紅色 350、米色 712、炭灰色 3799、水藍色 3811、棕色 3826

麵包小偷・好難吃！／灰色 03、深灰色 04、朱紅色 350、奶油色 677、土黃色 729、藍色 3760、炭灰色 3799、棕色 3826、白色 3865

貓熊麵包、無尾熊麵包、白熊麵包／米色 712、土黃色 783、深咖啡色 3031、白色 3865

麵包小偷

★眼睛的刺繡方法

④回針繡 炭灰色 3799

①藍色 3760（1）

③灰色 03（1）

②白色 3865（1）

★鼻子嘴巴的刺繡方法

⑦灰色 03

⑤朱紅色 350

⑧所有的鬍子 直線繡 炭灰色 3799（1）

⑥朱紅色 350（1）

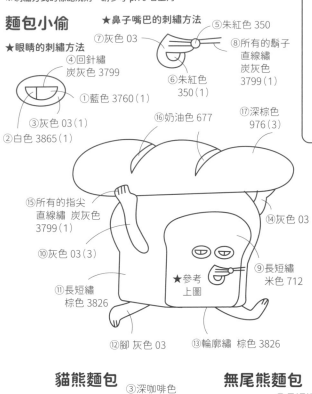

⑯奶油色 677

⑰深棕色 976（3）

⑮所有的指尖 直線繡 炭灰色 3799（1）

⑩灰色 03（3）

⑭灰色 03

⑪長短繡 棕色 3826

★參考上圖

⑨長短繡 米色 712

⑫腳 灰色 03

⑬輪廓繡 棕色 3826

麵包小偷・太好了！

⑧長短繡 棕色 3826

⑦長短繡 米色 712

⑥黑色 310

①手 灰色 03（3）

②水藍色 3811（1）

③黑色 310

④朱紅色 350

⑤灰色 03

⑩腳 灰色 03

⑨輪廓繡 棕色 3826

⑪所有的指尖、鬍子 直線繡 炭灰色 3799（1）

貓熊麵包

③深咖啡色 3031（3）

②長短繡 白色 3865

①深咖啡色 3031（3）

無尾熊麵包

③長短繡 土黃色 783

②深咖啡色 3031（3）

①深咖啡色 3031（3）

白熊麵包

③深咖啡色 3031（3）

④長短繡 米色 712

①回針繡 深咖啡色 3031（3）

②深咖啡色 3031（3）

麵包小偷・好難吃！

★眼睛的刺繡方法

②白色 3865（1）

①藍色 3760（1）

③灰色 03（1）

★鼻子嘴巴的刺繡方法

⑩鬍子 直線繡 炭灰色 3799（1）

④朱紅色 350（3）

⑧深灰色 04（1）

⑤灰色 03（3）

⑨灰色 03（3）

⑥朱紅色 350

⑦回針繡 白色 3865（3）

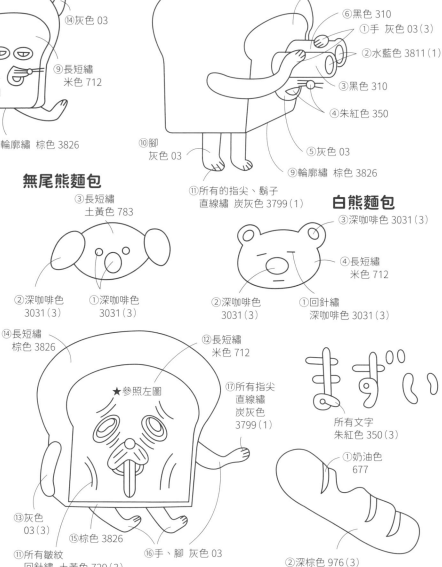

⑭長短繡 棕色 3826

⑫長短繡 米色 712

★參照左圖

⑰所有指尖 直線繡 炭灰色 3799（1）

⑬灰色 03（3）

⑮棕色 3826

⑯手、腳 灰色 03

⑪所有皺紋 回針繡 土黃色 729（3）

所有文字 朱紅色 350（3）

①奶油色 677

②深棕色 976（3）

基本的刺繡針法和手縫針法

● 輪廓繡

刺繡的時候錯開一半、從左往右繡。

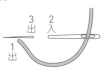

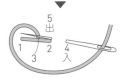

※2和5位置相同

● 回針繡

與全回針縫相同要領，等距刺繡。

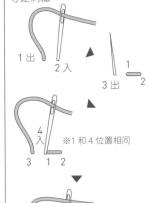

※1和4位置相同

● 緞面繡

不留下任何空隙，以平行的線條將圖案的輪廓填滿。

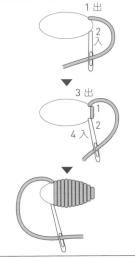

● 長短繡

一邊繡上長短線，一邊填滿要繡的範圍。第二層要稍微重疊在前一層的繡線上，以免出現空隙。

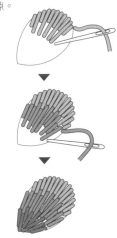

● 直線繡

用來描線的刺繡針法。不同的長度和方向可以繡出各種圖案。

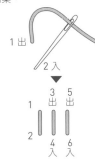

● 釘線繡

將繡線放在圖案的線條上，再另取一條等距固定。

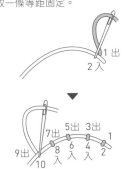

● 法國結粒繡

製作結眼的刺繡針法，大小會隨繡線纏繞的次數而改變。

按照指定的圈數纏繞繡線（圖中為2次）

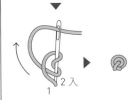

在1下針，拉出繡線之後抽出繡針

● 用鎖鍊繡填滿

用鎖鍊繡填滿縫面。先沿著輪廓繡線，再將內部填滿。

● 鎖鍊繡

如鍊條環環相串的刺繡針法，下針時繡線一定要從同一側環繞。

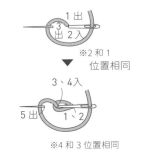

※2和1位置相同

※4和3位置相同

結束刺繡的地方

用較小的針腳縫合

（繡完一圈的時候）

開始刺繡的地方

● 全回針縫

用於牢牢縫合布料時。從表面上看起來像是縫紉機的針腳。

● 藏針縫

以交叉的方式將布邊繡成コ字型之後，拉線縫合。

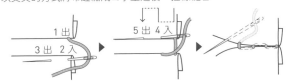

79

Art Tree 創藝樹

創藝樹023

麵包小偷全世界最可愛！親子手作小物BOOK

パンどろぼう　せかいいちかわいいてづくりこもの

作者	柴田啓子
譯者	何姵儀
副總編輯	陳鳳如
封面設計	張天薪
內文排版	李京蓉
童書行銷	張惠屏・張敏莉・張詠涓
出版發行	采實文化事業股份有限公司
業務發行	張世明・林踏欣・林坤蓉・王貞玉
國際版權	劉靜茹
印務採購	曾玉霞
會計行政	許俽瑀・李韶婉・張婕莛
法律顧問	第一國際法律事務所　余淑杏律師
電子信箱	acme@acmebook.com.tw
采實官網	www.acmebook.com.tw
采實臉書	www.facebook.com/acmebook01
采實童書粉絲團	https://www.facebook.com/acmestory/
ISBN	978-626-349-738-2
定價	399元
初版一刷	2024年8月
劃撥帳號	50148859
劃撥戶名	采實文化事業股份有限公司
	104 台北市中山區南京東路二段 95號 9樓
	電話：02-2511-9798　傳真：02-2571-3298

國家圖書館出版品預行編目(CIP)資料

麵包小偷全世界最可愛!親子手作玩具BOOK / 柴田啓子作；何姵儀譯. -- 初版. -- 臺北市：采實文化事業股份有限公司, 2024.08
80面；19*23.5公分. -- (創藝樹；23)
譯自：パンどろぼう せかいいちかわいいてづくりこもの
ISBN 978-626-349-738-2(平裝)
1.CST: 手工藝
426.7　　113008450

采實出版集團
ACME PUBLISHING GROUP